目标和效果导向的绿色住宅数据设计方法

A DATA SUPPORTED OBJECT AND PERFORMANCE
BASED DESIGN METHOD FOR GREEN DWELLINGS

刘念雄 等著
Liu Nianxiong

清华大学出版社
北京

内 容 简 介

本书介绍了一种建筑师主导的、目标和效果导向的绿色住宅数据设计方法,以数据支持提高绿色住宅的性能,提高建筑设计与决策的科学性。在目标解析、参数设置、方案生成与优化、设计决策与效果验证中,通过构建策略库与实现矩阵建立设计目标、参数与设计方案之间的映射关系,在规划与建筑设计和性能调控中实现数据的建筑设计响应。通过参数化设计、案例推理设计、遗传算法优化方法实现数据支持下的方案的生成与优化、评价与决策,基于建筑师熟悉的设计软件建立数据设计工具平台;通过人机交互和人机协同,在建筑师主导下完成住宅和户型方案的生成与优化,在提高绿色性能的同时,满足建筑师对方案的多样性要求;并结合实际工程项目,对目标和效果导向的绿色住宅数据设计方法进行示范应用,针对能耗、碳排放、建材循环利用率、用户满意度四个目标进行设计优化和效果评价。

本书可为绿色建筑参数化设计、建筑绿色性能评价模拟分析和工具平台开发提供参考。

图书在版编目(CIP)数据

目标和效果导向的绿色住宅数据设计方法/刘念雄等著.—北京:清华大学出版社,2021.3

ISBN 978-7-302-57312-8

Ⅰ. ①目… Ⅱ. ①刘… Ⅲ. ①数据库－应用－绿色住宅－建筑设计 Ⅳ. ①TU241.91-39

中国版本图书馆 CIP 数据核字(2021)第 005926 号

责任编辑:张占奎
封面设计:陈国熙
责任校对:赵丽敏
责任印制:杨 艳

出版发行:清华大学出版社
    网   址:http://www.tup.com.cn,http://www.wqbook.com
    地   址:北京清华大学学研大厦 A 座 邮 编:100084
    社 总 机:010-62770175   邮 购:010-62786544
    投稿与读者服务:010-62776969,c-service@tup.tsinghua.edu.cn
    质量反馈:010-62772015,zhiliang@tup.tsinghua.edu.cn
印 装 者:小森印刷(北京)有限公司
经 销:全国新华书店
开 本:170mm×230mm   印 张:9.5   字 数:134 千字
版 次:2021 年 5 月第 1 版   印 次:2021 年 5 月第 1 次印刷
定 价:88.00 元

产品编号:081541-01

本书作者

刘念雄　刘依明　张竞予　闫树睿　王珊珊　韩玥君　马　傲
张墅阳　施海茵

课题组主要成员

清华大学建筑学院

刘念雄　程晓青　韩孟臻　周正楠　王牧洲　刘依明　张竞予
闫树睿　王珊珊　王　鑫　韩玥君　马　傲　张墅阳　曹昌浩
施海茵　燕　钊　郝　奇　杨宇琪　赵　丽　赵恩良　冯嘉嘉
李闻文　韩奕晨　王霄然　王嘉慧

北京维拓时代建筑设计股份有限公司

常海龙　任　明　杨敬华　李　毅　杨志芳　汪　涌　张茹尚
杨春艳　李博浩　李　松　王　强　李海阔　华显阳　李　炜
吴　冰　董　冰

中国建筑科学研究院有限公司

袁闪闪　曲世琳　胡楚梅

天津住宅建设发展集团有限公司

邓应平　李胜英　汪磊磊　王茂智　刘子庚　陈　丹　伍海燕
沈常玉

天津生态城绿色建筑研究院有限公司

杜　涛　郭而郭　邹芳睿　李　倩　周　敏　周玉焰　游唤民

北京工业大学

陈　超

北京工业大学建筑勘察设计院有限公司

张　健　禹永万　胡晓青

序 言

PREFACE

在应对气候变化的国际共同行动中,中国力争于2030年前达到二氧化碳排放峰值,2060年前实现碳中和。鉴于建筑作为碳排放的主体,建筑设计行业将"实现低碳排放,打造绿色建筑"定为未来长期目标;同时,量化评价和指标控制等数据支持,将为行业带来建筑设计方法的变革。

"十三五"重点研发计划"绿色建筑及建筑工业化"重点专项"目标和效果导向的绿色建筑设计新方法及工具"(项目号:2016YFC0700200),旨在研究改变以绿色技术为主导的设计方法,建立系统性绿色设计原理和方法体系,并将建筑设计与性能评价结合的设计方法作为核心内容,从经验化的定性分析转向数字化的定量模拟,形成跨学科、多专业协同配合的交互式、智能化的设计新方向。

清华大学承担的课题六作为项目研究内容的重要组成部分,以北方严寒和寒冷地区的住宅为研究对象,建立了建筑师主导的、目标和效果导向的数据设计方法和技术协同工具平台,通过结合数值模拟和实测数据,完成住区规划布局、建筑方案生成、绿色性能优化和方案综合决策,为建筑师设计工作打造系统且强大的基础。该数据设计方法基于建筑师熟悉的工作模式、特点与工具,人性化建立起性能驱动设计工具平台,实现人机协同的同时,突出了建筑师的主导性。除此之外,数据设计方法充分发挥了科学性数据的作用,将绿色建筑性能指标和实际效果的提高变为可能,并通过矩阵建立控制指标与设计方案之间的桥梁。这种方式,一方面可以让绿色住宅建筑获得更好的性能,另一方面,在控制指标和数据限制框架下,确保了设计方案的多样性,为建筑师设计创作提供发挥空间。

清华大学的课题六研究围绕节能、减碳、节材等目标,从理论、方法和工具方面建立目标和效果导向的绿色住宅数据设计方法,并在示范项目的应用中取得了积极成果。本书的出版是作为研究成果的总结,希望能够对目标和效果导向的绿色建筑设计方法的进一步研究提供基础和启示,在碳中和的宏观目标下,促进我国绿色建筑和建筑工业化的发展。

孟建民

中国工程院院士

2020 年 11 月

目　录

CONTENTS

第1章
Chapter 1

绪　　论

　　传统建筑设计方法是由经验主导的,在方案生成、设计深化、设计决策的过程中,建筑师的经验是主要的项目推进依据。建筑形体的生成通过建筑师对设计要素的逻辑推演,达到概念上的"自洽"而实现。期间,建筑师根据设计经验对设计要素进行评价与判断,因此,建筑师的思维惯性和客观建设条件共同影响着逻辑推演的走向,方案生成具有个人主义和经验主义的双重属性。由于建筑师兼具工作中的建筑师身份以及生活中的使用者身份,他们通过学习、生活和实践获得的经验可以作为建筑设计的直接依据,辅助解决建筑设计中的大部分问题。然而,不可否认的是直觉和经验仍有"盲区"存在的可能。比如在绿色建筑设计中的建筑性能分析方面,设计经验可以帮助对一些问题进行定性判断,但无法直接提供量化分析结果,这在一定程度上影响了建筑师对设计方案的判断,进而导致建筑师无法做出合理的综合设计决策。

　　为弥补单纯依赖经验进行建筑设计的局限,需要为建筑师提供更多的建筑设计支撑,如科学的设计方法和分析工具。20世纪60年代以来,随着计算机技术的进步,建筑性能模拟技术[1]为解决上述问题提供了突破口。时至今日,具有各种功能的模拟软件已经广泛用于各类建筑的性能评价,模拟分析的范围也从最初的设计阶段拓展到建筑全生命周期的各个阶段,模拟分析的形式也更加多元[2]。此外,随着大数据、物联网、人工智能等技术的发展,建筑设计的研究与实践开始向数据化、智能化发展,数据的重要性日益凸显。建筑的数据设计是指依托计算机平台,采用人机协作的方式,以数据为基础对设计内容进行科学分析,为住宅方案生成及优化提供支撑依据,保证设计目标和品质实现。

数据设计的本质是对科学实证精神的强调。数据设计的支持对于实现和检验住宅节能、减碳、节材与满意度等设计目标及预期效果具有重要作用,其中对住宅节能评估的影响尤为显著。我国于1986年引入住宅建筑节能设计标准,在30余年中历经四个发展阶段,即在20世纪80年代住宅建筑用能水平基础上,分别取得了第一阶段节能30%(1991—1999年)、第二阶段节能50%(2000—2004年)、第三阶段节能65%(2005—)、第四阶段节能75%(2010—)的渐进式提升。为应对节能设计标准的更高要求,住宅设计常通过提高采暖系统效率和改善建筑围护结构热工性能的方式提升节能效果。然而,调查研究发现,使用阶段的建筑实际节能效果与设计目标和相关标准要求仍存在较大差距,设计标准的提高并不意味着实际效果有了同样的提高。2016年发布的《民用建筑能耗标准》(GB/T 50378—2016)根据建成建筑实际用能数据,引入了约束值和推荐值两项指标,意味着向建筑实际节能效果评价的导向转变,对建筑节能提出了新的方向和要求。北方严寒和寒冷地区住宅绿色设计的目标和关键,一是持续、合理提高相关设计标准,二是使建筑的实际运营效果与设计标准要求相匹配,因此,需要深入了解绿色设计策略的实际效果和性能贡献率,建立能够确保设计方案预期性能向实际运营效果切实转化的分析、优化、反馈机制,以及相应的工具平台。

本书依托"十三五"国家重点研发项目"目标和效果导向的绿色建筑设计新方法及工具",提出基于目标和效果导向的建筑全生命周期数据设计方法与流程。此方法强调了建筑师的设计主导地位,由建筑师把握目标设定、概念梳理、设计推演与决策、施工监督、运营维护等需要创造或宏观控制的环节,并充分发挥计算机强大的运算速度和准确度的特点,进行数据与性能的分析与优化,为建筑师提供快速的设计决策支持,具体表现在以下几方面:

(1)在设计阶段前置设计目标的解析与设定过程,通过快速的性能模拟和案例库定位、比较,进行设计方案效果预测、自动优化及信息反馈,以满足设计标准。在建造阶段,通过建筑信息化和工业化技术,以及有效的施工管理,确保绿色设计策略有效落实。

(2)在建筑使用阶段,对住宅能耗和室内环境品质进行实测与评价,分析设计值与实测值偏差原因,对优化算法进行调整完善,以此推动设计方法的不断更新。

(3)以使用阶段的实测值代替设计阶段的设计值作为评价依据,强调实际效果而非简单的技术措施堆砌,更利于各项措施发挥切实有效的性能优化作用,提升设计品质。

目标和效果导向的绿色住宅数据设计方法通过参数化设计(本书指案例推理设计与参数化生成式设计)方法与技术协同工具,完成住宅方案(户型、建筑、总图)生成、空间与性能参数精确设置,突出了以下特点:

(1)目标和效果导向的数据设计,以计算机模拟数据和实测数据支持设计优化,形成闭环反馈,关注点从设计值转向实测值,以减少技术堆砌,确保性能实现。

（2）建筑师主导，建立人机协同工作平台重新界定人机关系，改变计算机通过数据主导建筑师不断修改方案的模式，让建筑师关注目标和效果，在前期目标设定与后期方案决策中发挥作用，中期方案生成、参数设置和性能分析交由计算机完成。

（3）引入人工智能技术应对建筑设计方法的变革，通过工具平台的图形识别和处理技术来分析户型数据库，通过机器学习加快分析计算速度，通过数据可视化技术提供即时、有效、直观的量化客观数据，通过参数化模型将性能落实到设计响应，在方案生成与性能提升的同时，提高建筑师工作效率，在性能约束下获取更大的设计自由度。

基于以上思路，本书首先在第 2 章阐述了目标和效果导向的数据设计方法与流程。作为一种贯穿于建筑全生命周期的设计方法，目标和效果导向的数据设计流程可分为目标解析、方案生成与性能优化、方案深化与设计决策、建设运营与效果验证、数据实测与效果验证五个部分，实现这一流程的核心在于策略库和实现矩阵图。第 3 章阐述了策略库和实现矩阵图的内容及其构建方法，并针对北方严寒和寒冷地区住宅设计进行了举例说明。策略库可以按照不同的设计内容和目标提供相应的设计方法与指导。在解决具体设计问题时，根据设计目标与边界条件，由计算机从策略库中为建筑师筛选、形成实现矩阵图，为目标参数的设计响应与具体实现提供支持。第 4 章对方案设计阶段的住宅数据设计方法、平台、算法、模型进行具体讲解，第 5、6 章分别从规划布局和住宅单体的角度，对数据设计支持下的方案设计流程、设计工具、方案设计的多样性与可能性等进行讨论。第 7 章结合示范工程项目，从实测角度对建设、运营过程的数据采集、效果验证的方法进行了探讨。

第2章
Chapter 2

目标和效果导向的数据设计流程

在低碳和人工智能的时代背景下,建筑师的定位与设计模式正在转变[3]。技术导向的绿色建筑设计,采用从建筑概念、方案生成、优化定案到施工图设计的正向思维模式,这种模式因前期缺少必要的建筑性能预期目标设定、性能潜力初探与分析,随着项目推进,后期调整难度与成本将显著提高。因此,为切实提高绿色住宅的设计标准和性能,建立由建筑师主导,并以目标和效果为导向的设计方法就显得至关重要。此方法以模拟数据和实测数据为支撑,在设计初期设定目标和参数,再逆向完成方案生成、性能优化及综合决策(图 2.0-1),其流程包括目标解析、设计优化、建设实施与效果评价,可体现目标与效果的导向性、数据反馈的闭环性、建筑师的主导性以及数据与设计的关联性[3]。

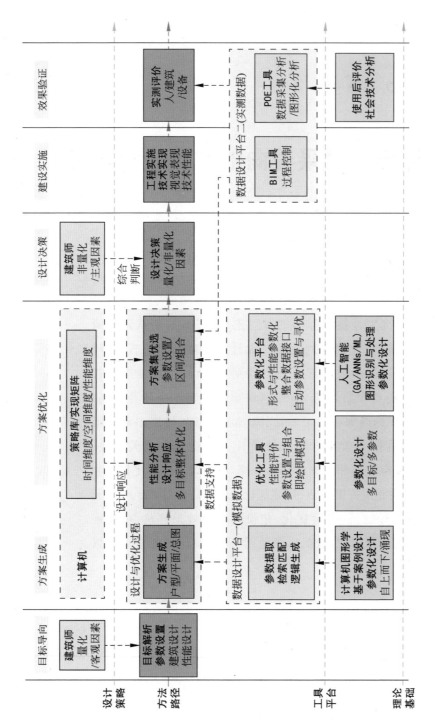

图 2.0-1 从目标解析、设计优化、建设实施到效果评价的绿色住宅设计流程图

2.1　目标解析与参数设置

《绿色建筑评价标准》发布以来,在评价方法和内容上不断进展和完善。2006版《绿色建筑评价标准》基于贯彻执行节约资源和保护环境的国家技术经济政策,推进可持续发展,规范绿色建筑评价的目标,统筹考虑建筑全生命周期内的经济效益、社会效益和环境效益[4],对绿色建筑设计和评价发挥了重要作用,推动了我国建筑业的可持续发展。

2014版《绿色建筑评价标准》对前一版进行了修订。将标准适用范围由住宅建筑和公共建筑中的办公建筑、商场建筑和旅馆建筑,扩展至各类民用建筑;明确评价阶段,将评价分为设计评价和运行评价;增设加分项,鼓励绿色建筑技术、管理的提高和创新[5]。

最新的2019版《绿色建筑评价标准》在2014版的基础上进行了大幅度拓展。首先,增加生命周期内的安全耐久、健康舒适、生活便利和环境宜居等内容,更关注人和环境的关系,从"以人为本"和建筑性能出发,基于"使用者"的视角进行设计评价,注重效果导向,并指出建筑评价阶段应在建筑工程竣工后进行,突出建成后的使用效果。其次,拓展"绿色建材"的内涵,提出在全生命周期内减少对资源和环境的消耗和影响,突出了建筑工业化在绿色建筑评价中的地位,强调建筑的耐久性,推动装配式建造工艺的发展和应用。再次,室内空气品质评分项比重加大,突出室内空气质量标准对人居环境的影响。最后,提高BIM技术的应用评价总分,推动BIM技术的广泛应用。

对于住宅建筑而言,节能与减碳是可持续性的核心,节材是满足我国住房需求和工业化生产的有效策略,而居住体验是用户评价建筑性能的关键。因此,目标与效果导向的绿色住宅数据设计应围绕节能、减碳、节材与用户满意度四个关键目标展开,以期营造舒适、健康、高效的人居环境。

2.1.1 绿色设计的关键目标

1. 节能与减碳

中国处于快速工业化和城市化时期,也处于应对气候变化的前线,碳排放增长迅猛,"全球碳项目"(Global Carbon Project)发布的 *Global Carbon Budget 2019*(《2019 年全球碳预算》)[6]数据显示,2018 年中国二氧化碳排放量达 101 亿 t,比上一年增长 2.3%占全球总量的 27.6%,位列第一,同期美国为54 亿 t,占全球总量的 14.8%,位列第二(图 2.1-1)。中国人均碳排放量达到 7t/人,超出了全球平均水平的 4.8t/人。建筑碳排放是国家碳排放总量的重要组成部分。

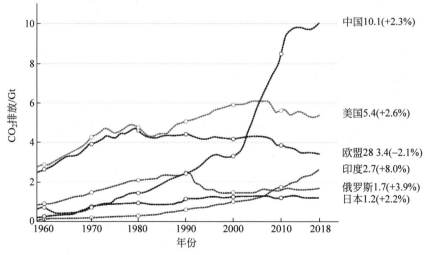

图 2.1-1　主要经济体的碳排放增长数据

资料来源:*Global Carbon Budget 2019*[6]

　　我国碳减排工作已进入总量控制阶段,建筑节能将是我国
实现 2030 年碳减排目标的关键。2019 年 11 月发布的《中国建
筑能耗研究报告(2019 年)》预测建筑部门碳排放到 2039 年达到
峰值[7](图 2.1-2)。在 2020 年 9 月 22 日,第 75 届联合国大会期
间,中国提出二氧化碳总排放量力争于 2030 年前达到峰值,努
力争取 2060 年前实现碳中和的目标。为此,需要在 2050 年实
现近零排放,并在全社会的经济体系、能源体系、技术体系等各
方面作出巨大转变,可见节能减碳的工作任重而道远。

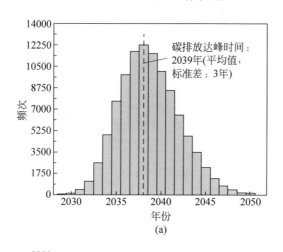

(a)

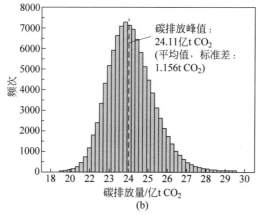

(b)

图 2.1-2　中国建筑碳排放预测与达峰分析

资料来源:《中国建筑能耗研究报告(2019 年)》[7]

《中国建筑节能年度发展研究报告（2020）》显示，2018 年建筑运行的总商品能耗为 10 亿 tce（ton of standard coal equivalent，吨标煤），约占全国能源消费总量的 22%，其中城镇住宅能耗占比 24%。2018 年中国建筑运行过程中，与化石能源消耗相关的碳排放为 21 亿 t CO_2，其中北方供暖占比 26%，城镇住宅占比 21%[8]。住宅建筑能耗指建筑使用过程中由外部输入的能源，包括维持建筑环境的用能和在各类建筑内活动的用能。其中《民用建筑能耗指标》（2016 版）给出了居住建筑非供暖能耗指标约束值（表 2.1-1），包括综合电耗及燃气消耗指标①。在满足建筑使用需求的前提下，通过总图布局、建筑功能组织及围护结构设计减少耗热量与建筑负荷具有重要意义，也是绿色住宅节能减碳设计的关键。

表 2.1-1 居住建筑非供暖能耗的约束值

气候分区	综合电耗指标约束值 /(kW·h/(a·H))	燃气消耗指标约束值 /m³
严寒地区	2200	150
寒冷地区	2700	140
夏热冬冷地区	3100	240
夏热冬暖地区	2800	160
温和地区	2200	150

注：表中非严寒寒冷地区居住建筑非供暖能耗指标包括冬季供暖的能耗在内；"a·H"指"户·年"。
资料来源：《民用建筑能耗指标》GB/T 51161—2016[9]

2. 节材与材料循环利用

根据《绿色建筑评价标准》（GB/T 50378—2019）[10]，建筑

---

① 居住建筑非供暖能耗指标以每户每年能耗量为能耗指标的表现形式，居住建筑非供暖能耗应包括每户自身的能耗量和公共部分分摊的能耗量两部分，公共部分能耗量宜按每户套内建筑面积分摊。

全生命周期的资源与建材节约是绿色建筑设计实践的重要环节。首先,设置大量无功能的纯装饰性构件不符合绿色建筑节约资源的要求,应鼓励使用装饰和功能一体化构件,在满足建筑功能的前提下,体现美学效果,节约资源。此外,鼓励选用本地建材,减少运输过程的资源与能源消耗,降低环境污染,就地取材制成的建筑产品所占比例应大于60%。再者,提倡和推广使用预拌混凝土和预拌砂浆,与现场搅拌混凝土相比,预拌混凝土产品性能稳定,易于保证工程质量,且采用预拌混凝土能够减少施工现场噪声和粉尘污染,节约能源、资源,减少材料损耗。

建筑工业化作为"十三五"重点研发计划项目的主要研究方向之一,强调了建筑能效、品质和建设效率的提升。装配式住宅建造技术将住宅的部分或全部构件在工厂预制完成,再运输到施工现场,将构件通过可靠的连接方式进行组装。此技术体现了成本可控、质量有保证、节约资源、施工安全等特点和优势,从根本上改变了传统建造方式对资源、能源的大量消耗以及对环境带来的负面影响,符合住宅产业现代化和人居环境质量提升的发展方向。装配式住宅建造技术有助于推动我国绿色建筑实现规模化、高效益和可持续发展,其优势具体表现为:

(1) 施工建设过程能源与资源消耗少,施工污染小;

(2) 房间布置灵活多变,室内空间适应性强,可以有效提升空间和土地使用率;

(3) 建材可循环利用,减少大量建筑垃圾,提高了建筑的可持续性;

(4) 建造高效,围护结构保温性能及耐久安全性能较好。

同时,由于我国在相当长时期内仍将处于工业化、城镇化快速发展时期,在城镇化进程中,住房供求关系紧张局面将长期存在。装配式住宅建造技术可以缩短项目工期,机械化作业可以大大降低人力成本。由于构件、配件采用机械化生产,加工精度高,尺寸偏差小,建筑整体品质较高,建成后保温、隔声性能更好。因此住宅工业化不仅立足于解决住房问题,对于绿色住宅设计和建设也有巨大的意义。

《中国矿产资源报告 2018》[11]显示,中国是世界上第一大能源与建材生产国和消费国,建材是建筑的物质基础,建筑能耗的 16.7% 源于建材生产。《中国资源综合利用年度报告(2012)》[12]统计显示,2011 年我国建筑垃圾产生量约 8 亿 t,其中拆除建筑产生的建筑垃圾约 6 亿 t,建筑施工产生的建筑垃圾约 2.26 亿 t,至 2017 年,仍仅有 2% 的建筑垃圾在填埋时进行了处理或回收。《绿色建筑评价标准》(GB/T 50378—2019)建议"选用可再循环材料、可再利用材料及利废建材",增加可再循环利用材料用量比例、利废建材用量比例及种类的有关规定。材料的循环利用不仅可以减少新材料的使用,对于精装修住宅而言,也可降低建筑装修中甲醛、苯等有害物质的危害,在材料节约和住宅健康品质提升上均有益处。综上所述,不可再生资源的巨大消耗、建材生产加工工艺的能源浪费和废弃物污染现象已引起广泛关注,推广绿色建材、提高建材循环利用率、减少不必要的资源浪费是绿色建筑发展、缓解环境压力的有效途径。

3. 住户满意度

建筑节能发展之初,常常通过密闭建筑或减少新风量来降低建筑能耗,以致造成新风不足、温湿度和风速偏离舒适区间等问题,进而导致人体的各种不舒适感,以及不满意度提升。然而,舒适度与住宅节能并不是完全对立的,住宅节能不应以牺牲居住舒适度和健康性为代价。《绿色建筑评价标准》

(GB/T 50378—2019)强调了居住环境对住户身心健康的影响评价。建筑节能、减碳是以满足室内外环境品质和舒适度为前提的,住宅绿色设计需要在不降低目前的生活水平和住户满意度的基础上追求节能减碳[13]。

用户满意度是在特定的住宅空间形式、围护结构和设备系统设计条件下,反映住户使用习惯及体验感受的主观评价指标。提高用户满意度可从空间与环境两方面着手,就环境满意度而言,评价内容包括热环境、光环境、声环境及空气品质等方面(表 2.1-2)。

表 2.1-2　用户满意度影响因素

分类		热环境	声环境	光环境	空气品质
客观	室内	房间布局与朝向; 门窗位置、大小、材质; 门窗气密性; 围护结构热工性能; ⋮	围护结构隔声量; 设备噪声; ⋮	外窗位置、尺寸、透光率等; 外窗遮阳; 室内表面的反射系数; ⋮	门窗尺寸、位置; 可开启面积比例; 装饰装修材料; ⋮
	室外	建筑密度; 外墙材料; 绿化景观遮阳; ⋮	建筑间距; 环境噪声; ⋮	建筑布局; 外墙材料反射系数; 室外照明; ⋮	场地选址; 建筑布局; ⋮
主观		人体热感觉; 室内热需求; ⋮	人体声感受; 室内声需求; ⋮	人体光感受; 室内光需求; ⋮	新风需求; 绿植景观需求; 通风需求; ⋮

除空间与环境两方面外,用户满意度还涉及暖通空调、给排水,以及电气等设备系统的布局、配置与使用方式。如设备的选型与空间布局、管线的整合与隔声、住户的生活习惯,以及设备使用的方式与频率等因素,均对满意度有所影响。

2.1.2 设计策略与技术集成

住宅绿色设计不是简单的绿色建筑技术的堆砌,而是需要根据当地的气候条件、地理环境(如海拔、周围的河流、山川和湖泊等)、项目定位、居民生活习惯、政策条件等,分析拟采用的绿色技术的经济性和适用性,因地制宜地选用适合的技术措施。例如,适用于我国内陆干燥地区的蒸发式降温技术,在沿海潮湿地区并不适用;风力发电不宜在风频较低或风速较小的地区使用;可循环材料虽有益于控制建设成本,提升环境效益,然而若材料来源匮乏且运输成本较高,一味追求可循环材料的使用将适得其反;保温材料厚度在超过一定范围后,对建筑节能的贡献变得非常有限,而且会增加大量的建设成本。

技术导向的绿色建筑设计流程往往缺少设计策划和适用性分析。建筑师在前期方案设计过程中,仅根据绿色建筑评价标准的相关条文对方案进行分析、论证,并按照等级要求增减或优化相关技术措施,对建筑实际的性能效果实则难以有效控制。绿色设计适用性分析需要对设计目标和预期效果进行分析、预测,并以此为依据选用最有效、最适宜的绿色建筑技术。同时,为保证绿色设计效果,还需要统筹考虑使用者的使用习惯、模式,以及相关技术措施的动态运作与平衡。例如,冬季围护结构保温与夏季围护结构散热、夏季自然通风与冬季防止冷风渗透、夏季遮阳与冬季的日照、自然采光的局部照度和房间采光均匀度等设计,均需要辩证地分析、判断、平衡多方面因素。建筑师最终的方案决策并非仅以某一方面的性能效果为依据,而是追求设计构思与多目标的性能效果的综合实现。

根据设计目标和预期效果,绿色住宅的数据设计采用成熟的软件工具,为建筑师提供全过程数据支持,其方法可分为三种:

(1)根据优化需求在既有的设计流程中随时介入,进行建筑性能的数字化模拟、分析,提供实时性能效果反馈和设计指导;

(2)以建设条件和使用需求作为输入条件,通过计算机检索匹配、计算,筛选出符合特定需求的方案供建筑师选择;

(3)以特定目标为导向,充分发挥人工智能的技术优势,自动生成基本方案并寻优,最终筛选出满足目标需求的建筑方案。

2.1.3 设计参数设置

设计参数设置是目标和效果导向的绿色住宅参数化设计方法的前提,围绕节能、减碳、节材与满意度四个关键目标,通过梳理归纳设计参数,建立方案、数据与建筑性能之间的映射关系,探析基于性能的建筑设计响应机制,提高设计效率和品质。

根据设计目标和具体要求的差异,绿色住宅的设计参数可分为空间参数与性能参数。空间参数描述了场地环境与住宅建筑的空间特征,例如建筑朝向、户型关系、户内功能组织、房间数量、形状尺寸变化等,此类特征易于进行数字化描述和参数化控制,是建立目标和效果导向的数据设计方法的有效切入点[3]。性能参数描述了区域环境的通风、日照等环境性能,以及住宅建筑的围护结构热工性能、门窗气密性、设备系统效率、室内物理环境等效果和品质。设计参数变化直接影响建筑性能,通过多次迭代的计算机数据模拟和实测检验,实现多目标、多参数影响下的技术协同,让设计过程更加灵活。

绿色住宅的数据设计将空间参数与性能参数按照住宅设计流程进行归纳、梳理,形成建设条件参数、户型信息参数、建筑信息参数三个部分。其中,建设条件参数主要用于设计条件梳理与总图布局,反映项目场地的区域气候特征、场地现状、相关政策、建设指标、消防要求等,对住宅设计进行宏观控制;建筑信息参数是在建筑整体层面对建筑朝向、建筑形体、围护结构、建筑负荷、能源形式等进行数据控制;户型信息参数可分为"户型空间信息参数"和"户型性能设定参数",前者反映户内各功能空间的空间尺度与组合关系,后者基于住宅绿色设计的预期目标和效果,包含了室内各房间的采光、通风、隔声,各户使用工况,装饰装修材料性能等相关数据信息。

2.2　方案生成与设计优化

住宅设计的重点之一在于对各类复杂影响因素进行权衡、判断和取舍。绿色住宅的数据设计方法要求在方案设计前期设定目标,并根据目标与预期效果,借助计算机完成住宅设计边界条件的参数化,自动进行设计影响因素的权衡,实现总图布局、基本户型和住宅单体方案的生成与优化,获得符合相关要求的方案或集合,再进行方案深化设计。

2.2.1　方案生成

方案生成阶段需要根据绿色住宅的数据设计策略,提出设计概念,构思设计方案,生成满足体量、形体、功能等需求的规划布局和住宅单体方案数字模型。此过程可采用参数化设计和涌现理论下的基于方案逻辑规则的参数化生成式设计（parametric generative design），以及基于空间关系拓扑特征检索的案例推理设计（case-based design，CBD）。前者在计算过程中通过实时的人机交互，使方案与参数组合在预设规则框架内涌现生成，逐步获得满足性能要求的最优解，或者通过遗传算法等优化算法寻优，在一定范围内计算得到满足性能要求的方案集。将方案集进行建筑三维模型与性能列表呈现，由建筑师从中选择满足设计意图的方案，保证了设计方案的多样性和可控性。后者将不同功能、尺寸、层级的空间或房间的连接关系转化为计算机语言中的空间拓扑关系，根据建筑师输入的需求信息，由检索系统依据相似度定义的匹配算法从案例数据库中选取与目标户型空间组合相似的方案集，按相似度排序输出显示。

　　住区规划布局设计宜采用参数化生成式设计方法。首先，建筑师根据建设条件和项目要求设定目标，再由计算机根据用地范围、形状以及各项经济技术指标(用地面积、容积率、建筑密度、绿地率、居住单元数量、住宅高度、日照要求、建筑退让、防火间距、消防扑救面、建筑进深及面宽等)，自动生成满足上述要求的规划布局方案，确定不同层数、朝向的住宅单体的配比，完成住区内的建筑群排列，获得规划布局初步方案集。

　　对于住宅户型平面与住宅单体设计，若采用参数化生成式设计，需要基于 Grasshopper 平台和 Python 语言，调用能耗计算软件对方案性能进行约束、细化、控制设计目标参数，代入合适的计算方法，导入相关数据后进行基于方案逻辑规则的方案自动生成，获得满足特定要求的方案集[3]。若采用案例推理设计，可在 SketchUp 平台上，利用 html/css/js 及 Ruby 语言描述户型空间拓扑关系，再通过提取户型特征(如平面布局、空间尺度、体形系数、窗墙比、房间数和总面积等)，将建筑空间参数及空间关系信息(如连通性、方位、层级等)进行参数化[3],建立模型数据库。在住宅单体及户型设计时,由检索匹配系统即时调用数据库信息,寻找与建筑师输入的数据信息相匹配的住宅方案,再按照与设计需求的相似度进行呈现。

2.2.2 设计优化

采用多目标优化算法、机器学习等方法,对住宅规划布局、住宅单体及户型进行多目标快速模拟预测和优化。此过程围绕住区和住宅的物理环境性能展开,涉及太阳辐射、室内外温湿度等热环境指标,风速、风向等风环境指标,场地日照时数、采光系数、室内照度等光环境指标,室内外噪声级等声环境指标。通过各项性能指标的具体要求、分析评价反馈到建筑位置、朝向、高度、标准层平面几何形式、窗墙比等空间设计策略与相关参数设置上,实现基于量化性能指标的住宅设计响应。

数据设计的优化流程,首先要明确绿色性能目标及各目标的权重,再借助计算机人工智能技术对基本方案进行标准工况下的多目标住区或住宅性能模拟,根据设计经验和相关规范要求分析参数的合理设置区间,进行设计参数的敏感度分析,为建筑师指明性能优化的方向,最后进行综合性能优化。在空间范围层面,规划布局属于更宏观的范畴,而住宅单体与户型则属于相对微观的范畴,从宏观到微观进行设计优化符合建筑师习惯的设计模式。同时,由于住区规划布局中的道路景观配置、建筑朝向与间距、建筑层数与高度等会直接影响住宅单体与户内空间的日照、采光、通风、隔声等物理环境性能,因此规划布局的优化也是实现住宅单体及户型环境性能提升的前提。对于住宅单体与户型,由于二者之间在生成和性能影响上存在较强的关联性,因此在设计优化时,从住宅单体细化到户型空间,或者从户型空间拓展到住宅单体的设计优化方式均具有合理性和有效性。

1. 权重设置

一般地,建筑性能分析的对象包括建筑能耗、碳排放量、通风性能、采光性能、隔声性能等内容。方案阶段的住宅全年能耗计算以居住建筑节能设计标准中标准使用工况和围护结构热工性能限值为计算依据,排除能源形式、设备系统及作息模式对建筑全年能耗的影响,关注不同建筑形式对能源、资源和生态环境的影响;住宅建筑室内外风环境、采光性能与隔声性能以绿色建筑评价标准相关要求和设计策略适用性分析为基础。在设计优化时,结合可利用的资源条件、项目需求,设定四个关键目标的权重,对设计方案进行多目标优化。

2. 敏感度分析

严寒和寒冷地区绿色住宅数据设计,以需求最小化和供给最优化的设计策略为设计核心[14],通过参数控制与调节为建筑整体性能带来显著提升效益。在特定设计目标下,不同设计参数对住宅性能的影响能力和影响范围不同,设计参数变化导致的增量成本也不尽相同。类似于关键少数法则①,住宅绿色设计过程中,少数的几个设计参数往往会起到控制住宅综合性能的决定性作用,建筑师需要对设计参数进行合理选择和有效控制,以便在保证方案生成质量的同时减少计算量,提高设计效率。为此,需要对基本方案中各个设计参数间

---

① 关键少数法则(vital few rule),又称"二八定律"19 世纪末 20 世纪初由意大利经济学家帕累托发现,即在任何一组东西中,最重要的只占其中一小部分,约 20%,其余 80%尽管是多数,却是次要的。

的相互作用原理以及设计参数对住宅性能变化的影响机制进行敏感度分析,计算各个设计参数的建筑性能影响能力,为建筑师明确绿色设计优化的空间和潜力,指导方案深化设计。

通常,设计参数在一定的区间范围内的线性变化对住宅某一性能的提升作用较大,超出这一范围后提升作用减弱,甚至会产生相反效果。例如,客厅和卧室的窗墙面积比在一定范围内增加时,受住宅采光、照明、视野和得热的综合影响,住宅在满意度和节能方面的整体性能得到提升,但超出使用需求以及一定范围后继续增加窗墙面积比将会造成住宅能耗的显著提高,而对视觉指标满意度提升的作用不再明显。

将设计参数控制在合理区间可以保证此项参数能够最大程度地发挥性能效益,然而,除设计任务书和相关规范明确要求的容积率、绿地率、防火间距、日照时数等控制性指标外,可由建筑师调整、控制的设计参数种类繁多、关系复杂,仅凭借既有的设计经验难以将设计参数间的复杂关系梳理清楚,各项设计参数对住宅性能影响的敏感度和贡献度也难以手动量化。常用的设计参数敏感度分析方法有经验法、实验法、计算机算法等。其中,经验法相对主观,需要建筑师具备足够的设计经验;实验法可通过实验或参考相关标准设定权重;计算机算法包括遍历算法(如二叉树遍历算法)和概率算法(如蒙特卡洛法)等,此方法在量化精度和计算效率上具有明显优势。因此,采用人机协同的方式,利用计算机强大的运算能力辅助建筑师对设计参数区间和敏感度进行控制与计算是研究设计优化重点的一种有效途径。

3. 多目标优化

住宅多目标性能优化根据节能、减碳、材料循环利用、满意度等多个目标,对住宅方案和整体性能进行自动调整与寻优。多目标优化建立在面向建筑师的数据设计平台上,以建筑师熟悉的软件和操作系统为媒介,在不改变建筑师设计习惯和设计思维模式的基础上,辅助完成住宅方案设计与优化。多目标优化的路径有以下两个方面:一方面,通过数据设计平台建立基于优化算法的住宅性能优化方法,其功能包括在满足场地现状、相关政策法规、建设指标等设计条件的前提下,搭建住宅信息模型、提取设计参数、自动采样与信息转换、性能模拟与调试、自动寻优等。多目标优化过程是在确定的参数变化区间内进行参数自动分类、组合、调整,经过多次迭代运算和结果比选,逆向追寻最接近目标要求和预期效果的设计方案及其参数设置;另一方面,借助计算机强大的运算处理能力和建筑性能的简化算法,利用数据设计平台提供的快速数据交换接口调用性能分析工具,缩短模拟计算时间,并即时反馈各方案的性能数据。

2.3 方案深化与设计决策

方案深化阶段,应在建筑师主导下推进,结合结构、暖通、给排水、电气等全专业综合论证,确定具体的设计内容,各专业在方案论证过程中协同配合,保证设计方案的既定目标和效果不受影响,并提出可进一步提升住宅性能的有效措施和建议,经过综合决策的住宅设计方案作为后续工作的基础。在此阶段,建筑师依然可以借助建筑性能模拟分析软件对住宅进行阶段性的详细模拟分析,根据分析结果对设计方案进行微调,明确深化方向,促进绿色设计策略有效实施。在设计完成后,根据完整的设计图纸进行建筑综合性能量化分析,形成分析报告。

设计决策是建筑师综合感性与理性等诸多复杂因素进行综合判断,并确定最终具体设计方案的过程。尽管数据设计为建筑师提供了住宅性能的量化分析结果,从技术层面提供了支撑,但是除了声、光、热等客观物理环境指标外,其他诸如房间景观朝向、视觉指标、空间尺度、部品位置等与居住感受相关的主观评价指标,同样是设计决策过程中重要的影响因素,这些因素对建筑师而言更容易理解和感知。因此,设计决策实质上是建筑师在满足客观性能的多样化住宅设计方案中选择最符合设计理念和主观偏好、凸显建筑空间形式、满足预期定位的设计方案的过程。

2.4　施工运营与数据获取

数据是住宅绿色设计、施工建设、运营维护等各个环节的信息交互媒介。施工建设过程影响着前期设定的目标和预期效果的有效实现,此过程不仅涉及各类资源消耗、能源利用、施工污染等环境问题,施工的质量还直接关系到住宅设计的完成度和住宅性能的实际效果。借助数据支持拟定施工方案,对施工作业进行全程数据采集、分析与反馈,确保施工建设过程按照计划对能源和资源加以利用、减少浪费、保护环境、安全高效,使住宅设计能够完整地、高质量地实施,是后续开展性能实测、分析、验证的关键前提,也是实现住宅绿色设计目标的重要保证。

数据获取需要在项目稳定运行后进行,通过实测或调研采集住宅运营阶段中各户房间全年逐时温湿度、室内风速、空气品质、天然光照度等物理环境数据,水、电、燃气等能源消耗数据和各户使用行为等数据样本,将数据样本整理形成实测数据库,完成对于住宅能耗、物理环境和满意度评价等相关分析的原始数据获取[3]。

2.5 数据分析与效果验证

目标和效果导向的绿色住宅数据设计方法的数据分析和效果验证,通过对住宅各项实测数据分析,验证住宅稳定运营过程中的实际效果,并以此为基础对方案生成和设计优化过程的逻辑、算法进行评价和改进。实测数据可采用数据分析方法,梳理数据间的映射关系,实现数据追踪(从住宅性能到设计参数),为住宅性能诊断提供接口,此过程根据所收集的住宅数据绘制相应的数据变化曲线,进行图形化分析,并通过识别温湿度时空分布、使用者行为模式、生活节律等信息,进行住宅用能、行为方式和室内热环境数据的关联性分析[3]。

效果验证可通过实际性能测试,检验预期目标与效果是否实现,验证设计策略和设计参数控制的有效性。首先,效果验证可结合住户使用行为数据以及施工建设数据,评估住户使用模式和建设施工过程对既定目标和预期效果的影响,进行实际效果与预期效果的差异性分析。其次,对于达到预期效果的数据和指标,进行实测值与模拟值的数据对比分析,将相关的设计参数、策略、性能效果等作为补充数据,完善绿色住宅数据设计方法。最后,对于未达到预期效果的数据和指标,需要分析、总结导致效果偏差的原因,提出优化和改进的建议,完善绿色住宅数据设计方法。

第3章
Chapter 3

策略库、实现矩阵图的构建方法

　　目前,绿色住宅设计标准体系采用非量化的指导原则,且绿色建筑评价以施工图为对象,在空间布局和细部设计等设计环节中对建筑师的指导不直观,导致建筑师根据绿色、健康设计要求调整方案的主动权较弱,后期调整难度与成本也显著提高。为实现数据在建筑设计过程中的响应,考虑从总图布局、建筑体形、立面设计、围护结构性能等方面收集大量绿色住宅实例,梳理各种影响因素、总结归纳设计手法,针对住宅的建筑体形控制(如体形系数等)、功能空间组合原则(如空间划分与热环境控制)、围护结构形式与热工性能(如传热系数、窗墙比控制)等,构建以数据为支持的绿色住宅设计策略库,建立指标体系、设计参数和节能主体之间的映射关系,使建筑师能够在设计阶段实时获得性能模拟数据,为建筑设计与优化提供决策依据,并完善以目标和效果为导向的绿色住宅数据设计流程,形成设计导则、标准和相关图集,确保实现设计预期效果。

3.1　策略库

3.1.1　策略库的内涵及意义

绿色住宅设计策略库的整体构架综合了空间、时间和性能三个维度的内容,量化呈现指标体系、设计参数与建筑主体之间的映射关系,为建筑师明确了建筑的各个部位、空间和设计流程中的各个环节的设计内容。其功能表现为将控制指标、设计参数对应到建筑设计的内容(体形、围护结构)和具体要素(平面、立面、门窗、遮阳和热桥等),并通过实现矩阵图细化为设计导则;纳入宏观要素(政策、经济、气候、技术等),针对可操作的主体(建筑设计导则、人行为模式规范、设备运行控制等),回应建筑师的设计关切(功能、空间、形象等)与性能关切(性能、参数、指标等);将绿色建筑性能评价(耐久性、节能、节材、节地、节水和环境友好等)具体落实到设计(功能布局、空间组合、建筑平面、立面、剖面、材料性能与装饰等),以获得更精确的总图布局(建筑的空间与体形、平面基底尺寸、进深、面宽、层高、层数、立面的虚实关系与窗墙比、通风遮阳构件的性能与建筑化表现等),更好的围护结构性能(表皮材料、构造、保温、蓄热、气密性、热桥等),更高效的技术集成(主动式技术与被动式技术、自然通风、自然采光、可再生能源、太阳能与建筑一体化等)以及更高的用户满意度(物理环境舒适度、智能化控制、生活节律与行为模式个性化需求等)。

构建策略库需要在量化住宅绿色设计相关影响因素与建筑性能之间的影响机制的基础上,求解建设条件控制下的各个设计参数的敏感度,将设计参数与空间环境性能的映射关系进行可视化呈现。策略库能够在契合标准要求、突出关键参数、保证可操作性、规范使用原则等方面为建筑师提供更加具体、直观、权威而灵活的设计指导。一方面,有助于引导建筑师从不同空间与时间维度深入了解具体的设计策略内容;另一方面,推动设计方法转变,并借助数据支持推动设计需求向设计结果的顺利转化。

3.1.2 策略库的建构方法

1. 确定绿色住宅设计指标

对于住宅建筑,节能与减碳是绿色设计的核心;预制化、装配式以及材料循环利用在节约材料、减少资源浪费方面发挥了积极作用,符合我国城镇化发展需求和工业化生产要求;居住体验则是居民切实使用感受的直接反映,是评价建筑性能与社会价值的根本[15]。因此,围绕节能、减碳、节材、满意度四个关键目标设立绿色住宅设计指标,构建目标控制下的设计参数和设计响应映射关系网。

2. 建立绿色设计坐标系统

从既有的各种绿色建筑设计标准中提取出有关严寒和寒冷地区住宅绿色设计的指标并分类,然后按照时间、空间、性能维度的三维坐标系统进行指标对应。其中,以时间维度为 X 轴(建筑生命周期的设计、建造、使用和拆除阶段),空间维度为 Y 轴(从总图、建筑、户型到材料部品),性能维度为 Z 轴(指标体系与技术参数)。此坐标体系既是策略库的框架,也是实现矩阵图的雏形。

3. 梳理绿色住宅设计方法

以北方地区城镇绿色设计影响机理研究为基础,对大量北方严寒和寒冷地区的绿色住宅设计实例进行计算机模拟分析,详尽梳理应对不同目标的设计手法。

4. 数据映射与策略库完善

根据建筑设计流程,将各设计阶段的住宅设计策略按照从场地总图到基本居住空间单元的空间关系与参数进行解构,在坐标系统中的空间维度上进行定位,再依据设计策略与建筑性能的关系将其在性能维度上二次定位,从而逐项将各个设计策略纳入三维坐标系统搭建的策略库中,形成完整的映射网络,以指导建筑师的设计实践。

3.2　实现矩阵图

绿色住宅设计的实现矩阵图是依据建筑各个性能参数与空间设计参数的响应机制,形成的在项目不同阶段为实现设计目标和预期效果,建筑师可使用的设计策略解析矩阵。实现矩阵图依托策略库的三维坐标体系,实时提供前期策划和方案设计指导,辅助建筑师明晰住宅性能化设计核心、提升绿色住宅设计品质与效率。

3.2.1　矩阵参数构成

实现矩阵图中的设计参数,按照参数属性可分为解析空间信息特征的空间参数与描述住宅性能及居住品质的性能参数,按照适用范围又可分为建设条件参数、建筑信息参数、户

型信息参数(图 3.2-1)。其中,建设条件参数为宏观控制指
标,主要用于总图布局,反映场地现状、区域气候特征、建设指
标及其他相关政策;建筑信息参数和户型信息参数分别对建
筑朝向、形体、空间逻辑、结构、负荷、设备系统与整体性能等
进行数据解构与表现。除建设条件参数外,建筑信息参数与
户型信息参数在设计过程中可进行输入与输出转化,实现自
动参数调整与寻优[3,16]。

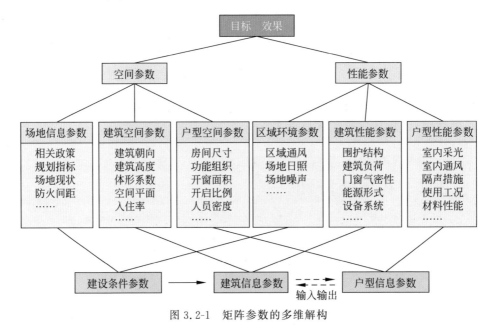

图 3.2-1　矩阵参数的多维解构

3.2.2　参数传递路径

确定实现矩阵图中各个参数在传递路径中的关键节点
(方案生成、方案优化、深化施工、效果验证),通过全程的数据
采集、整理和存储建立模型数据库与实测数据库,作为检验目
标完成度的标准、调试算法拟合度的训练样本以及完善实现
矩阵图的基础(图 3.2-2)。

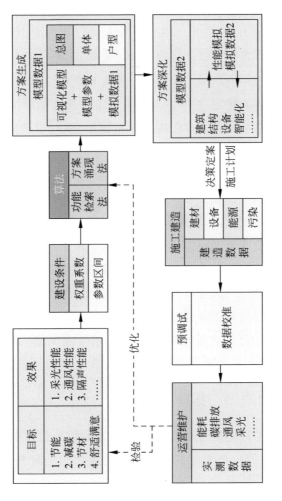

图 3.2-2 参数传递过程中的数据定位

　　传递路径前端是面向系统开发人员、为建筑师提供可视化的数据输入接口的方案生成式算法系统,此系统按照建筑师的设计需求,将建筑性能分析反馈提前,并对阶段成果进行自动优化。方案生成的运算机制为,根据建设要求和设计目标进行总图布局的设计与优化,形成满足绿色建筑设计要求的总图方案,再借助模型识别技术[16]和方案户型优化模块[3]完成边界条件和设计权重的参数解构、调整与组合,参数区间由建筑师根据需求最小化和供给最优化原则[14]控制,然后由计算机联动生成住宅方案,并形成由方案可视化模型、模型空间参数和方案性能模拟数据组成的模型数据,最后以面向建筑师的人机交互协同平台为载体,通过设计响应图、参数分析表和实现矩阵图等设计语言形式呈现优化途径与深化方向。

　　方案深化由建筑师统筹,把控设计方向,并且需要多专业介入协同配合,基于数据的承接、补充与传递,完成更加综合详细的住宅方案深化设计与性能分析。施工建设是对设计目标与设计响应的映射关系进行实际操作的过程,通过施工作业全程数据采集、汇总、分析与反馈,确保住宅设计的完整实现。

　　经过竣工预调试、校准设备参数后住宅项目投入使用,在稳定运行后进行运营性能测试和数据采集,对比预期设计目标,检验并优化前端方案生成式算法模型与参数设定区间。

3.2.3　矩阵数据网络

　　实现矩阵图的构建是对设计参数的组织模式进行解构重塑的过程,可为建筑师提供方案设计的决策和深化依据、施工建设的影响预判、检验实际运营效果的参照。为满足建筑设计的灵活性,可通过基本参数选择、补充参数输入和过程参数提取等方式识别、读取参数。根据绿色建筑性能指标与性能评价参数,以及性能评价参数与空间设计参数的关系,建立初步的数据映射网络(图 3.2-3)。此网络考虑到设计流程中时间

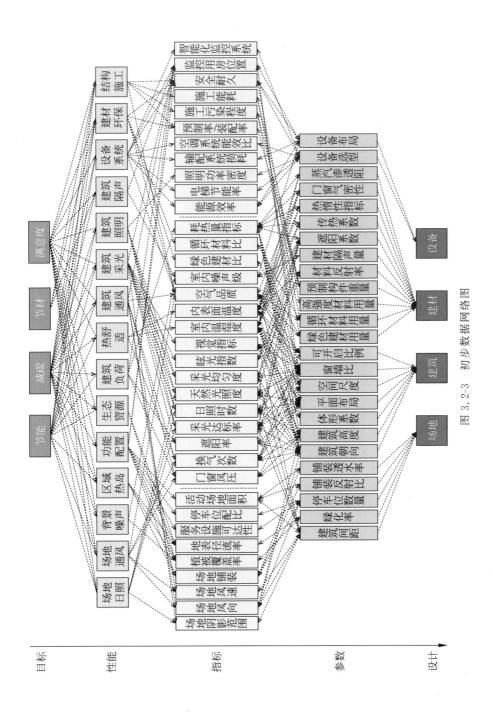

图 3.2-3　初步数据网络图

目标　　性能　　　　　指标　　　　　参数　　　设计

维度与空间维度的联系,所以规划阶段以"场地和总图"的日照、通风、噪声、热环境性能分析为主,方案和深化设计以"建筑和户型"的建筑物理环境、负荷、设备、围护结构等性能为主。基于上述数据网络,在住宅性能模拟分析中,量化各个空间设计参数对住宅各项性能指标的贡献率,对导致同一性能指标变化的参数进行主成分分析,筛选出能够有效实现预期效果的绿色设计策略,形成实现矩阵图。

3.3 策略库与实现矩阵图的应用

策略库框架将性能指标落实到责任主体,经过模拟分析以实现矩阵图的形式反馈给建筑师,在建筑策划和设计过程中提供更具针对性的设计与优化建议,因此,策略库与实现矩阵图的推广应用有以下方向。

(1)在北方严寒和寒冷地区城镇居住建筑绿色设计导则的编制中,基于现行的绿色建筑评价标准、被动式居住建筑技术导则和相关著作,逆向追溯、总结和归纳住宅设计策略,再通过实现矩阵图明确设计策略,使设计指导的针对性和全面性得以可视化表达,便于建筑师检索(图 3.3-1)。

(2)结合方案户型优化模块,在方案生成与优化迭代时以实现矩阵图的形式为建筑师提供性能分析。实现矩阵模型初始状态的坐标点一致,表示各参数的性能贡献度和敏感度相同。经过分析运算后,通过坐标点的颜色区分各参数的性能贡献度和敏感度(图 3.3-2),以便于诊断方案性能化设计热点,提高设计工作效率。

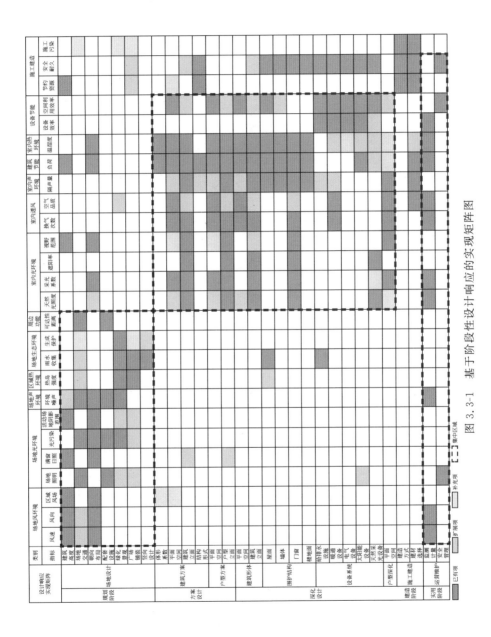

图 3.3-1 基于阶段性设计响应的实现矩阵图

33

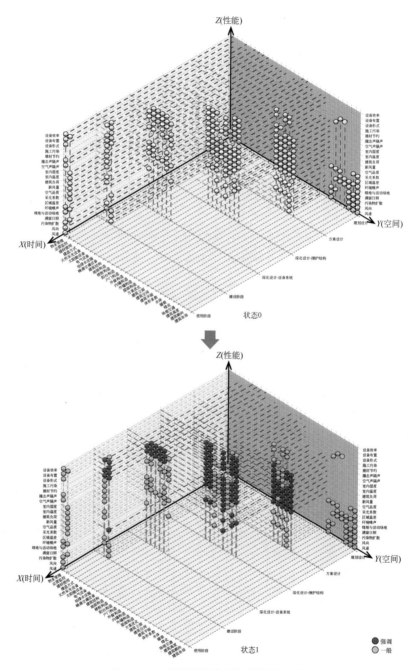

图 3.3-2 实现矩阵模型中的设计响应

第4章

Chapter 4

住宅方案数据设计方法

　　住宅建筑在气候应对、居住模式、功能布局、空间形式及使用方式等方面具有明确而稳定的模式，易于进行数字化描述和参数化控制，所以相对于其他建筑类型，住宅的绿色设计更适合采用数据设计方法。住宅方案数据设计方法是由建筑师主导的，通过参数化设计方法与技术协同工具平台，从户型、建筑、总图三个层级生成住宅方案，实现对建筑空间、体形与性能参数的精确设置的建筑设计方法。此方法强调以计算机模拟数据和实测数据支持设计优化，同时将设计评价的重点从设计值转向实测值。同时，住宅方案数据设计中的人机关系被人机协同工作平台重新定义，充分发挥了建筑师在前期目标设定与后期方案决策中的主导作用，将中期方案生成、参数设置与调整、建筑性能分析交给计算机完成。此外，引入人工智能技术应对建筑设计方法的变革。例如，通过图形识别(pattern recognition)与数据处理技术建立户型数据库，利用机器学习(machine learning)提升分析计算的速度，依托数据可视化技术提供即时、有效、直观的量化数据，建立参数化模型实现目标导向的建筑设计响应。这些设计模式和工具平台上的变化能够确保人机协同过程的顺利与高效,在性能约束下使建筑师获得更大的设计自由度。

目标和效果导向的住宅数据设计方法路径涵盖目标导向(参数设置)、设计过程(方案生成与优化)、设计响应(策略库和实现矩阵图)和效果验证(实测与效果评价)(图 2.0-1)。案例推理设计、参数化生成式设计、人工智能(包括遗传算法、人工神经网络①(artificial neural network)、机器学习、图形识别与处理等多种专业技术与集成应用)、计算机虚拟环境(virtual environment,VE)、使用后评价(post occupancy evaluation,POE)、社会技术分析方法(social-technical analysis,STA)等为构建数据设计方法路径提供了理论支持,也指导完善了数据工具平台的功能。例如,参数控制(空间、体形、性能)、户型生成(数据库检索、逻辑生成)、设计优化(参数提取、设置与组合)、综合决策(主观与客观因素)、建筑信息模型(BIM)工具(过程控制与技术实现)、使用后评价(节能、碳排放、节材、满意度)和效果验证等。建筑住宅数据设计方法所需解决的关键问题如下。

1. 数据可靠性保障

模拟数据和实测数据为目标和效果导向的绿色住宅设计提供数据支持。缺乏快速、可靠的数据支持将极大地影响建筑师对性能、效果、影响因素及其敏感性和贡献率的把握,导致显性的绿色设计策略(规划布局、建筑设计、户型和细部设计)及隐性的绿色技术策略(性能相关的技术应用)均无法满足既定目标和预期效果。

---

① 人工神经网络是一种以数学和物理方法从信息处理的角度对人脑神经网络进行抽象并建立的一种黑箱简化模型,是一种能够自主学习、联想预测、简化复杂问题运算过程、高速寻找优化解集的建模方法,能够广泛应用在各个研究领域。

2. 数据支持机制

在设计方法和流程中突出目标和效果导向,充分利用成熟的软件工具进行数值模拟分析,结合实测数据为住宅设计、建造和运营维护全过程提供数据支持。

3. 参数化设计方法

通过参数化模型将住宅性能与建筑体形、平面、立面和剖面设计结合起来。在简单技术堆砌无法取得预期效果的情况下,更需要增量挖掘目标和效果导向的精细化设计、多级参数设置与分析的潜力,发挥参数化设计的优势,完成体形与性能参数精确设置,再对比模拟数据和实测数据,通过反复迭代优化,实现多目标、多参数影响下的技术协同与设计策略快速响应,以使设计目标明确而过程开放,让设计过程更具灵活性。

4. 人机协同工作模式

建筑师主导的人机协同不同于一般意义上的人机交互,而是强调建筑师的决策地位,计算机实时辅助参与设计的过程,充分发挥建筑师、计算机和人工智能技术的特长。在此过程中:一方面,大量运算分析工作交由计算机完成,提高设计效率;另一方面,在计算机进行方案生成和模拟分析时,建筑师可随时介入,调整参数,把控方向,主动应对设计中复杂的主观与客观、量化与非量化因素,完成数据支持下的综合评价、判断与决策。

根据目标和效果导向的住宅数据设计流程中各个环节的特点,本章从参数化平台搭建、方案生成、方案优化、评价与决策四个方面对绿色住宅数据设计方法进行总结归纳。

4.1 数据设计参数化平台

住宅的参数化设计是住宅数据设计的基础,建立了从住宅设计参数到住宅方案的空间形式生成逻辑,通过参数设定实现方案自动生成。相比于既有的建筑设计方法更关注于设计意向的表达与实现,设计过程中的建筑性能评价与反馈作用较弱的特点,参数化设计则强调了设计参数对住宅空间形式、体量、环境性能等设计结果的影响机制,体现了对过程设计的关注(图 4.1-1)。

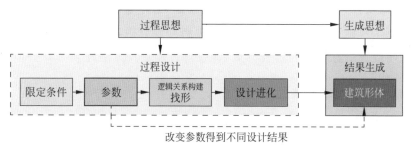

图 4.1-1 参数化设计方法的基本过程

4.1.1 参数化平台类型与特点

参数化平台通过各类参数控制建筑的形体生成[17],并借助拓展接口与其他性能分析工具结合,实现综合性能分析。目前,用于方案优化的参数化平台主要有两类:用户自编程平台和基于建筑参数化设计软件的工具包[18](表 4.1-1)。

用户自编程平台包括 MATLAB、Mode-frontier、GenOpt等。这类平台灵活性较强,运行速度快,具有丰富的算法工具

库,通过应用程序接口(application programming interface,
API)调用 Energyplus、DOE-2、TRNSYS、Radiance 等建筑性
能模拟软件[19],但需要用户有较高的编程能力。

表 4.1-1　优化平台性能对比[19]

集成优化平台		编程要求	性能模拟插件	可耦合性能分析软件	优化算法工具	建模环境	运行速度	使用阶段	适用人群
非建筑类	MATLAB	高	无(需要自编程)	EnergyPlus、Radiance 等	丰富	差	较快	方案阶段	工程师
	Mode-frontier	一般	无(需要自编程)	EnergyPlus、Radiance、OpenADR 等	丰富	差	快	方案阶段	工程师
	GenOpt	一般	使用 TrnOpt 调用性能模拟软件	SPARK、EnergyPlus、DOE-2、TRNSYS、Dymola、IDA-ICE 等	丰富	差	快	方案阶段	工程师
建筑类	Revit+Dynamo	低	Ladybug、Honeybee、Energy Analysis	EnergyPlus、Radiance 等	较少	好	慢	全生命周期	建筑师
	Rhino+Grasshopper	较低	Geco、DIVA、Ladybug、Honeybee、Butterfly、Heliotropper	EnergyPlus、Radiance、Ecotect、OpenFOAM、OpenStudio 等	一般	好	一般	方案阶段	建筑师

　　建筑参数化设计软件中,Rhino+Grasshopper 组合和
Revit+Dynamo 组合对使用者的编程能力要求较低,建模流
程与建筑师的工作模式相匹配,并具有不同的拓展插件库,如
支持 Grasshopper 的 Ladybug、Honeybee 和 Butterfly,以及支
持 Dynamo 的 Geco 和 DIVA 等。Revit 是建筑信息模型

(BIM)平台的主要软件之一,可为全生命周期的建筑设计提供技术支持,但由于 Revit 的优化算法工具相对较少,因此以 Rhino 和 Grasshopper 作为重点研究对象。

4.1.2　Grasshopper 设计工具平台

Rhino 由美国 Robert Mc Neel & Associates 公司开发,是专业的三维建模软件。此软件最初用于工业设计领域,之后由于在操作性、兼容性、模型编辑、建模速度等方面的优势,逐渐在建筑设计、机械设计、动画设计等众多领域得到广泛应用。Grasshopper 是 Rhino 最常用的参数化插件平台之一,为 Rhino 提供了参数化建模与多性能模拟协同的途径[20]。

目前,在 Grasshopper 平台上,通过调用不同的插件可以进行能耗、采光、通风、力学等多种性能模拟(图 4.1-2)。Ladybug & Honeybee 是由宾夕法尼亚大学的兼职教授 Mostapha Sadeghipour Roudsari 开发的 Grasshopper 平台插件,将建筑师所关心的朝向、能源、日照、热辐射、气流等问题的相关运算方法封装成可视化运算器,实现从总图规划到建筑设计的多层级综合性能分析[21]。例如,通过 Honeybee 调用 EnergyPlus 和 OpenStudio 进行能耗模拟,或调用 Daysim 和 Radiance 进行采光模拟;通过 Ladybug 导入世界各地的气象数据,进行光环境分析。此插件对使用者编程能力的要求较低,可以将数据进行可视化表达,实现直观的快速动态反馈[22]。由奥地利 UTO 设计小组开发的 Geco 可以将 Rhino 或 Grasshopper 模型导入 Ecotect 进行计算,再在 Rhino 中显示计算结果,实现了在 Grasshopper 平台中快速调用日照、采光等性能数据并进行可视化呈现的功能[23]。此外,Butterfly 可以调用 OpenFOAM 进行室内外风环境模拟,Karamba 有限元分析插件可以计算结构节点受力情况等。Grasshopper 平台的兼容性得益于内置的 Python、VB 和 C♯语言模块,这些语言模块为 Grasshopper 平台提供了与其他性能评价模块或算法连接、修改及优化的输入端口,使 Grasshopper 在优化目标设定及方案优化速度上更加灵活、高效。

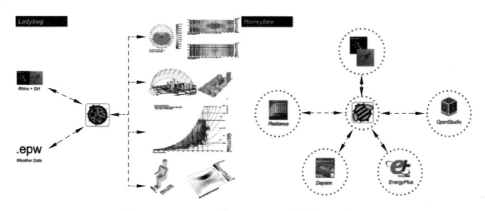

图 4.1-2　Ladybug & Honeybee 软件接口示意图

4.2　参数化设计方法

住宅设计的过程需要综合考虑、平衡房间功能、空间、性能、形式及其他相关专业等各方面因素,找到一个最合理的解决方案并确定下来。既有的建筑设计方法是由建筑师进行人脑的主观决策,这种决策方式属于理性与感性交织的多元思维方式,是一个混沌的复杂系统;计算机辅助参数化生成式设计则是一个完全理性的、更强调逻辑的有序过程,不存在模糊边界,一切设计条件和要素都是以非此即彼的方式呈现。对于参数化设计的方案生成,关键在于采用何种计算机语言和方法,在计算机中描述住宅方案,明确对设计有重要影响的各项要素及其重要程度,形成参数模型。

住宅设计通常与公共建筑设计存在较大区别,住宅设计在形式、外观等艺术层面往往有更多限制,功能、使用需求等往往是设计重点。但是,对于参数化生成式设计而言,由于艺术与美学要素通常较难用理性的逻辑进行评判,而功能、使用需求及绿色性能等要素则更适合进行参数化设计与评价,所以对住宅方案进行参数化,能为建筑师提供更加丰富而理性的解决策略,为方案寻优找到突破口。本研究将参数化生成式设计过程的主体由住宅简化为标准层平面,进一步强化了房间功能、住户使用需求、空间性能等核心要素,弱化了艺术与美学方面要素的影响。

4.2.1 参数化生成式设计

1. 生成式设计流程

参数化生成式设计可以描述为一个从目标和预期效果到设计方案的逆向反推设计过程,目标是建立方案与设计参数的关系。在整个设计过程中,需要协调设计条件与设计目标之间的逻辑关系,构建参数化生成式设计体系,流程如图 4.2-1所示。

1)设计信息参数化

参数化设计是以计算机数字技术为依托的设计方法,需要将设计的各项信息转换为计算机能够识别的数据。

2)建立参数逻辑关系

在目标和效果的导向下,分析各设计参数与设计结果之间的关系,建立从设计参数到方案的生成逻辑。

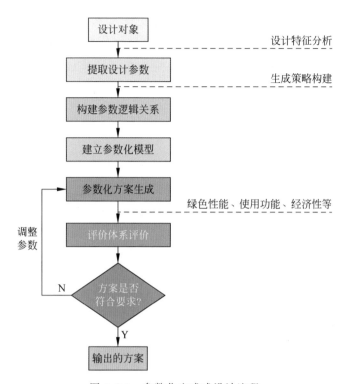

图 4.2-1　参数化生成式设计流程

3）建立参数化模型

通过计算机算法对参数间的逻辑关系进行代码转述，建立设计参数与设计结果之间的参数化模型。在参数化设计过程中，参数化模型能够充分发挥计算机运算能力，在短时间内可提供多种因设计参数改变而产生的多种设计结果，供建筑师评价和选择。

4）建立评价体系

生成方案的合理性是参数化生成式设计中一个很重要的问题，需要建立评价体系对参数化模型进行性能评估，用评价算法测试生成的设计结果是否能满足建筑师的设计初衷，通过模型调整使评价结果在可接受范围内。评价体系包括空间功能与绿色性能等指标,尽管与美学相关的要素也是方案评价的重要指标,但是由于难以量化分析,因此一般不在参数化设计过程对其进行评价,而是在设计生成结果的比较及选择时,由建筑师进行主观决策。

2. 生成式设计算法

既有的建筑设计过程中的"建模"一般是由建筑师根据设计需求,通过手动方式输入、调整、确定建筑模型的各个几何元素与对应参数,也称为"模拟的建模"(analogical modeling)[24]。例如,如果改变了某一直线的位置,与之相连接的其他线、面都需要相应的手动修改,以使各个关联空间的几何元素互相匹配。这种建模方式的最大特点是,各个几何元素是独立存在的,在模型中不存在对元素之间相互关系的描述,对其中某一个元素的修改不会触发其他对象的自动变化,建筑师对模型中某一细节的修改很容易造成模型空间关系错误,因此在模型优化过程中需要投入大量精力。

与之相比,参数化建模有效解决了上述问题。参数化模型由一组特定参数控制整个模型形态,模型的各个元素都与给定的各项参数之间产生关联,形成一个各个元素互相联动的整体,每个参数的变化都会影响模型的最终形态,参数值的变化会触发模型空间形态的自动变化。参数化建模的过程就是借助计算机描述和建立参数与点、线、面等元素之间的逻辑关系的过程,这一过程与既有建筑设计过程的建模方式相比更加抽象,但逻辑性更强。对于参数化模型的修改,只需要通过改变设计参数即可实现修改结果的自动呈现,节省了大量的建模时间,大幅提高了方案修改效率,也为目标和效果导向的方案优化提供了可能。此外,参数化建模也为计算机辅助设计决策提供了有力保障。通过设置设计参数的变化区间,可以获得满足设计要求的多种设计方案,供建筑师进行综合比选与决策。

在参数化建模的开始阶段,首先需要对拟生成的空间形式进行特征分析,归纳所需空间形式的逻辑特征,进而指导和约束空间形式的生成。当参数化生成式设计运用到住宅平面设计时,需要符合城市住宅中户型、标准层的功能需求和空间结构关系,例如户内交通流线的布置、各功能房间的朝向等。此外,因为不同房间的功能有所区别,房间之间的关系也有差异。以一个城市住宅户型为例,通过对户型布局案例的分析,以及对住户日常行为模式的研究,可以总结得出相关的功能空间布局规律,例如餐厨空间通常联系较为紧密,彼此相邻;公共卫生间需要和其他主要功能空间都产生较紧密的联系,因此通常安排在流线中"居中"的位置;卫生间与阳台则通常不产生直接联系。这些相互关系都属于住宅空间的逻辑特征,在住宅户型和标准层设计中不可忽视,需要在参数化模型中体现出来。住宅空间逻辑特征的提取过程就是将这些功能与空间形态的复杂关系参数化的过程,具体可分为设计参数提取、生成规则构建、方案评价及筛选规则构建三个部分。

1) 设计参数提取

对住宅设计的影响因素进行提取,对象包括户内交通空间流线、房间功能、朝向、房间尺寸、房间组织关系、围护结构热工性能、核心筒布局等。这些影响因素的因子可分为两种:一种是可以用数值描述的"定量因子",如层高、层数、房间尺寸、门窗尺寸、户内面积等;另一种是不能用数值描述的"定性因子",如房间朝向、布局、交通空间形状、房间组织关系等,需要经过参数化过程,转化为计算机可以识别的参数。

2）生成规则构建

在完成设计参数提取后，对第一步中的因子进行特征归纳。定性因子通常使用案例库特征统计的方法进行特征归纳，需收集大量常见住宅方案案例，形成案例数据库。定量因子的取值主要通过对北方住宅相关的标准、规范、资料集等文字资料调研确定。

3）方案评价及筛选规则构建

建筑的参数化生成式设计是一项对各个设计要素进行综合分析的复杂过程，生成方案能否符合设计需要，能否满足建筑师的设计意图，是检验方案生成过程成功与否的关键。在参数化生成式设计流程中，需要加入设计条件筛选模块，设定筛选规则，对生成方案进行检验，提高生成方案的合理性。

4.2.2 案例推理设计

20 世纪 90 年代初，案例推理设计受到关注。案例推理（case based reasoning，CBR）系统通过既往问题求解中的大量案例建立案例库，在决策者面临新问题时，该系统通过将案例库中的案例与待解决问题进行匹配，为决策者提供决策支持[25]（图 4.2-2）。一些学者将这一系统运用到建筑设计中，形成了案例推理设计系统（CBD 系统），为建筑师提供了一种从大量既有方案中快速搜寻所需方案的有效方式。魏力恺[26]将案例推理设计的方法和遗传算法结合进行设计方案的多种可能性探索，在遗传算法迭代过程中，由建筑师设定方案平面设计的重点，CBD 系统根据建筑师设定的约束特征进行参数调整，使方案朝着建筑师设定的方向迭代。李智杰[27]提出了ASARG 空间属性关系图，根据方案空间属性的拓扑关系，运用空间句法、SVM 等方法对方案进行模糊匹配,从 CBD 系统的案例库中筛选出相应的模型。由此可见,CBD 系统基于空间拓扑关系对既有设计方案内部的空间组织结构进行梳理,对拟解决的设计问题进行特征描述,并以此为基础实现快速有效的方案检索、生成、比较和适应性调整[28-29]。

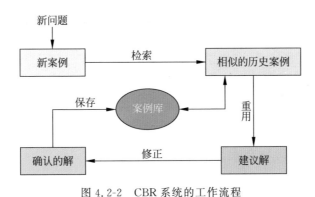

图 4.2-2　CBR 系统的工作流程

4.3　参数化寻优设计方法

在数字技术与人工智能高速发展的时代背景下,边缘学科之间、新技术与既有的建筑设计方法之间的交流融合成为新的发展方向,在建筑学与新技术之间架起沟通的桥梁,推动了新的建筑设计理念、方法、工具的变革。既有的绿色设计流程有以下两方面问题。

1. 设计方法层面

在住宅设计前期,通常对方案本身的性能潜力考虑不足,在建筑初步方案确定后再进行性能评价与优化,导致模拟分析介入滞后,无法有效指导方案优化设计。此时,只能在基本方案形成后,通过优化外遮阳、围护结构热工性能等技术措施达到绿色设计要求,建筑体形、功能空间组合、基本户型布局等与绿色性能的关系未能深入挖掘,相应的绿色性能潜力不能得到充分发挥。

2. 模拟软件层面

建筑性能化设计需要经历多次"设计、模拟、反馈、调整"的过程。通常建筑性能模拟需要单独建立分析模型,并且模拟分析耗时较长,无法"即绘即模拟",不能实时获取方案性能数据,难以形成有效的方案性能反馈。

4.3.1 最优化问题与算法

最优化问题可以理解为在特定目标下,方案中各个变量最优组合的求解过程。最优解一般根据评价目标而确定,当具体问题中包含多目标评价时,寻找最优解的过程变成了多目标优化问题。最优化问题的求解基础是对拟解决问题的各个变量进行参数化描述,形成参数与评价指标之间的对应关系,因此最优化方法也可称为参数化优化方法。目前,最优化问题的解决思路主要有权重求和法以及基于优化算法的多目标优化[30]。

权重求和法将多个目标分别赋予权重值,通过权重值对各个目标参数进行归一化处理,将多目标求解问题转化为单目标求解问题。如陈新等人[31]探讨了通过 UV 矩阵实现对多目标优化问题的综合评判;刘相斌[32]等人运用模糊数学方法探讨了根据不同组团占地面积和容积率对小区布局进行优化的问题。然而,权重求和法需要事先进行大量尝试,确定各个目标之间的相关性,在解决复杂问题时会花费大量时间。

基于优化算法的多目标优化[33]同时采用随机算法与局部搜索,求得帕累托最优解[34]的集合,包括遗传算法、退火算法(annealing algorithm)、粒子群算法(particle swarm algorithm)、蚁群算法(ant colony algorithm)、元启发式算法[35]等。基于优化算法的多目标优化将参数按照特定的方式组合和优化,并通过目标函数检验优化结果(图 4.3-1)。此方法主要面向建筑空间和建筑物理环境,由参数化平台、优化算法、目标函数、优化变量和性能评价五部分构成[30]。参数化平台为住宅方案优化过程的载体;优化算法是住宅方案优化的核心;目标函数根据优化目标逆向追溯设计参数,对优化过程进行引导与反馈;优化变量是方案优化过程中被调试的参数;性能评价是对建筑物理环境进行综合分析的过程,如果评价结果不满足设计目标,需要不断调整设计参数并计算分析,直到满足设计目标。

遗传算法由 Holland J H[36]于 1975 年提出,是解决最优化问题的常用算法。遗传算法借鉴了自然选择和自然继承的生物进化原理,将待优化方案中的变量视为种群基因,通过设置种群数量、突变率、交叉率和精英比例,使变量进行迭代、交叉和变异,从而衍生出新的方案,再通过目标函数对种群进行"自然选择",实现以较少的运算次数获得最优解的目的(图 4.3-2)。此后,又有研究者对遗传算法进行了优化,提出了 SPEA2、NSGA-Ⅱ、aNSGA-Ⅱ、CDAS、NSGA-Ⅲ 等二代或三代遗传算法。

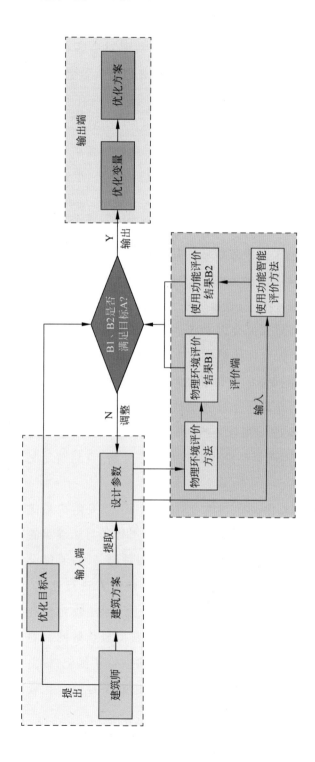

图 4.3-1 基于优化算法的建筑优化一般流程

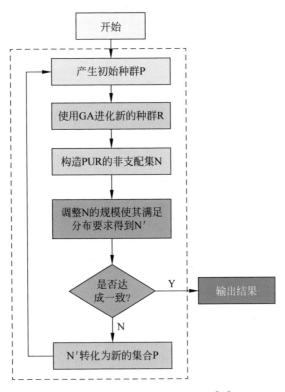

图 4.3-2　遗传算法原理流程图[37]

4.3.2　基于算法的优化流程

　　既有的住宅绿色设计采用"正向"的设计流程：首先由建筑师完成方案设计，然后通过性能模拟获得性能反馈结果，根据反馈结果调整、改进方案。在此过程中，建筑设计与性能评价是分开进行的，建筑师需反复经历"设计—反馈—修正—再反馈"的过程获取最终方案，优化效率低，前期方案设计的绿色性能潜力得不到充分发挥，难以获得最优的设计方案。

　　"逆向"的设计流程，即目标和效果导向的设计流程，从根本上解决了方案设计与模拟分析之间的时滞性问题。首先由建筑师设定能耗、日照、通风、碳排放等目标，确定设计参数，建立参数化模型,再通过计算机进行快速模拟分析与优化反馈,辅助建筑师完成复杂的多目标方案优化,获得综合多种设计因素的最优方案。

图 4.3-3 展示了某住宅方案优化的流程,可归纳为建立住宅参数化模型、建立性能分析模型、遗传算法优化三个主要步骤。

1. 建立住宅参数化模型

参数化模型的作用是建立设计参数和设计结果之间的联系。通过调节可变参数,计算机自动生成该参数条件下的方案模型,设计参数的不同排列组合可生成大量比选方案以供筛选。参数化建模的主要流程包括两部分:选择设计参数、建立参数与模型的联系。其中,设计参数可分为条件参数、可变参数和依存参数。条件参数是指设计任务书中的边界条件参数,包括气象数据、用户功能需求及设计规范等;可变参数是指由建筑师主观决定的、能够在一定范围内变动的参数,是主要的优化目标;依存参数是指与条件参数和可变参数相互关联的其他参数,由条件参数与可变参数的数值决定。

参数的选择对生成或优化结果有着重要影响。建筑的复杂程度决定了相关参数的数量,在特定设计目标下,有些参数对结果影响较大,有些较小或无影响。在参数化建模中,合理选择设计参数可以在保证方案生成质量的同时减少计算量,提高效率。因此,需要有恰当的方法进行设计参数的敏感度分析,筛选出其中的敏感参数。

筛选设计参数的方法主要有经验法、实验法,以及各类借助计算机进行敏感度分析的算法。经验法需要操作人员具有足够的设计经验[38-39],实验法通常需要大量时间对参数进行逐个实验[40-41],也可以参考相关规范或前人的研究成果选择

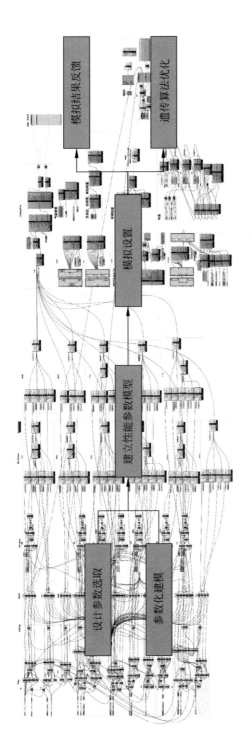

图 4.3-3 住宅方案优化方法的 Grasshopper 算法实现流程示意

所需参数,从而节省实验时间。如 Hollberg A 等人[42]在对住宅能耗进行分析时参考了德国建筑能耗计算标准 DIN V 18599 的算法。Xu W 等人[43]在建筑节能优化中参考了 ASHRAE 90.1 2007、ASHRAE 62.1 2007、NIST Handbook 135 等材料中的参数选择建议。

借助计算机对参数进行敏感度分析的方法有遍历算法或概率算法。Robertson J J[44]等人在利用优化算法校准住宅物业账单的研究中,采用蒙特卡洛法对相关参数进行敏感度分析。Li Q[45]等人在对于动态能耗模拟校准工具的研究中,采用回归法建立了敏感度分析模型。此外,莫里斯遍历中的二叉树遍历算法以及方差分解法也在敏感度分析中有所应用[46]。

2. 基于遗传算法进行方案优化

基于上述流程建立参数化建模和性能模拟平台,调用各种性能分析软件进行设计方案比选,获得不同参数组合的性能数据。在 Grasshopper 平台中,Galapagos 基于遗传算法和退火算法,解决单一目标的多参数优化问题[47];Octopus 作为 Grasshopper 的多目标优化插件,完成多目标优化,计算帕累托最优解。

4.4 数据支持的评价与决策

4.4.1 基于软件模拟的评价

建筑性能模拟软件是计算建筑能耗、采光、通风、热环境等物理性能,指导建筑绿色设计及标准导则编制的得力助手,已经在绿色建筑设计领域中取得广泛应用。根据相关研究，目前全球建筑性能模拟软件超过 100 种，其中基于 EnergyPlus、DeST 等计算模型的模拟结果准确性较高。

以能耗模拟为主的软件中，DOE-2 是最先开始研发、应用范围最广的能耗模拟软件之一，并且基于其计算内核开发出了一系列模拟软件，如 eQuest，Visual DOE，Energy Pro 等。DeST 模拟内核由清华大学主导开发，是国内主流建筑能耗模拟软件。EnergyPlus 是由美国能源部支持研发的一款能耗模拟引擎，OpenStudio 和 DesignBuilder 等均是依托 EnergyPlus 内核开发的模拟软件，为使用者提供了可视化的建模界面。

日照及采光模拟软件中，Ecotect 是 Autodesk 企业开发的面向建筑师的绿色设计及模拟软件，能够模拟建筑日照、采光、能耗等，以友好的使用界面及简便的操作为主要特征，但是模拟结果精确度不如 EnergyPlus、DeST。Radiance 由美国能源部支持研发，可采用蒙特卡洛算法改良的逆向光线追踪引擎进行日照模拟。Daysim 是由加拿大国家实验室主导开发的全年动态天然光模拟软件，能够模拟全年动态光环境，精确度较高。

风环境模拟软件中，Fluent 是现在国际上常用的商用 CFD 软件包，在美国市场中占有的比例达到了 60%，适用于流体力学、热传递和化学反应等领域的模拟。OpenFOAM 是一个全部用 C++ 语言编写的面向目标的 CFD 类库，能够支持多面体网格，对体形较复杂的建筑形体支持度较高。

4.4.2 基于大数据与机器学习的评价

目前，住宅绿色性能提升面临着新的挑战。一是如何满足更高的目标与设计标准，二是如何在建筑性能提升的基础上,提高住宅在功能、流线等使用功能方面的品质。既有的建筑模拟软件侧重于可量化的建筑性能指标分析,却无法对与使用者密切相关的建筑使用功能、空间感受等内容进行量化评价。反之,调查问卷、专家打分等方法虽然可以进行上述非量化指标内容的评价,但是目前尚不能与建筑环境性能评价软件有效整合。

计算机大数据的发展为解决上述问题提供了可能。通过参数化设计、大数据与机器学习,对住宅绿色设计过程中的数据进行深入分析,挖掘数据间的内在规律,探究住宅空间参数与性能参数的耦合机制,寻求设计方法和工具平台上的突破,将建筑使用功能、空间形式等因素纳入建筑综合性能评价范围,探索学科交叉背景下提升住宅空间环境品质的方法。

这一技术路线的关键在于通过机器学习进行大数据分析。机器学习指通过计算,利用"经验"自动改进系统性能。在计算机系统中,"经验"通常以数据形式存在,参数化设计为机器学习提供了数据支持,机器学习可深入挖掘数据之间内在联系,形成"学习算法"模型,用于新情况下的预测与判断[48]。因此,可以通过已有建筑大数据进行机器学习训练,得到方案评价模型,从而实现对住宅方案评价。

4.4.3　人机协同的方案决策

建筑设计是在多方因素中不断进行取舍和平衡的综合决策过程,这一过程的结果体现在空间形式的生成和优化上,通过计算机对设计结果的合理性进行评估,并根据设计目标对建筑空间形式进行自动寻优,指导建筑师做出选择。这一过程充分发挥了建筑师与计算机的优势,计算机擅长批量处理、大规模运算、量化分析等,但目前的计算机技术在处理综合决策类问题、创造性问题、特异性问题等方面仍存在不足,因此建筑师的经验尤为重要。建筑师是前期目标的设定者,也是后期方案的决策者,由建筑师主导建筑设计,主动应对设计中的复杂因素,能够更好地把控设计方向,也能够在计算机的协助下最大限度地发挥数据设计的优势。

第5章
Chapter 5

住区规划布局数据设计方法与应用

　　住区规划布局数据设计需要满足住宅单体的形式、尺寸、朝向、建筑间距、开窗面积与位置等设计要求,并考虑规划布局对住宅性能的影响。根据住区规划布局数据设计参数与住宅性能化设计目标的关系,对住区规划布局的设计目标、设计参数、设计条件等进行分析,结合人工神经网络,建立基于参数化平台的、以目标和效果为导向的数据设计方法。此方法主要用于总图规划上住宅空间布局方案的参数化自动生成与优化,通过输入基本的规划布局控制参数,利用参数化设计与神经网络算法,生成满足设计目标的规划布局方案集,再借助可视化模块,为建筑师快速呈现方案结果与数据信息。

5.1　规划布局设计要点

5.1.1　规划布局模式

　　中国北方严寒和寒冷地区城市的住区规划布局模式一般

可分为行列式、周边式、点群式三种基本形式,这三种基本形式又可以依据周边环境和具体的空间要求细分为多种不同的布局模式。一般地,住区规划布局数据设计多采用三种基本形式的组合,即混合式。

1. 行列式

行列式布局中,在总图平面上建筑的排列具有简单的规律,朝向和间距基本相同。行列式布局能保证每户都获得良好的日照和通风条件,便于建设,并降低了道路和管网布置难度。然而,行列式布局明显的规律性也导致了空间的单调,因此可以通过营造有层次、有变化的景观提升空间的丰富程度。

行列式布局的具体模式可以细分为平行排列、交错排列、单元错接、成组改变朝向、变化间距 5 种(图 5.1-1)。平行排列式的布局中,建筑的朝向和间距相同,且彼此对齐,呈阵列式,空间形态单一;交错排列式布局中的建筑,行与行或列与列并不对齐,建筑山墙之间的间距可以引入气流,改善通风条件;单元错接式布局的建筑彼此相接,规律错动,能够更好地应对地形条件;成组改变朝向式的建筑则整组扭转同一角度,具有强烈的构图形式感;变化间距式的建筑则通过改变建筑间距营造出更多样的室外空间,便于营造空间的围合感。

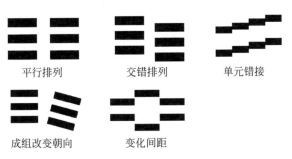

平行排列　　　　交错排列　　　　单元错接

成组改变朝向　　　变化间距

图 5.1-1　行列式空间组织模式

2. 周边式

周边式布局一般以多层住宅为主，住宅一般沿街坊布置，围合出内部的院落空间，能营造良好的归属感、安全感，也更便于管理，能隔绝噪声、防风防沙。然而，周边式布局中建筑朝向各异，也会导致部分住宅的采光较差。

周边式布局的具体模式可以细分为单周边和双周边模式（图 5.1-2）。单周边模式以外围的街道界面为主导，形成单一封闭空间，围合感更强，空间更集中，便于开展居民活动；双周边模式则兼顾外围街道以及内部庭院界面，可以更充分地利用场地，更有效地防风防沙。

单周边   双周边

图 5.1-2 周边式空间组织模式

3. 点群式

点群式布局一般由多层点式住宅及高层塔式住宅组成，其优势在于布局能够有效地适应环境，如地形地貌条件、道路及河流走向等，具有很高的灵活性。

点群式布局的具体模式一般可分为规则型和自由型（图 5.1-3）。规则型布局具有一定的规律性，形成的空间较为简单，土地利用率高；自由型则能更好地适应环境，形成更灵活、丰富的空间，但同时增加了建造难度、道路和管网布置的难度，提高了造价。

规则型　　　　　　　自由型

图 5.1-3　点群式空间组织模式

4. 混合式

混合式布局方式为上述三种基本方式的组合或变形。混合式可以充分结合各种住区布局模式的优点,布局方式更加灵活,能够根据具体要求,更好地适应环境条件,并营造出更加丰富的空间。

自中华人民共和国成立以来,住区规划布局经历了多个阶段,各个阶段的布局形式与组合方式都有不同的特点,与经济、社会的发展密不可分。以北京为例,1992 年建立中国特色市场经济之初,住区规划布局以方庄芳城园和望京 A5 为代表,为全塔式布局结合公建配套的形式。1998 年房改后,商品住房需要满足社会需求,更追求居住品质,高层住宅布局开始演变成板塔结合的形式,典型案例如星河湾小区。后期又出现了类似珠江帝景短板高层布局,高层住宅的发展日渐成熟。2005 年后,政策调控下出现了不同类型、差异化分区混杂的现象,但高层布局仍然为短板式的布局,建筑布局属于行列式与点群式的结合,在保证容积率与采光、通风条件的同时,也具有周边式的围合感。随着时间的推移,住宅规划布局层次更加丰富,组合方式也更为灵活(图 5.1-4)。

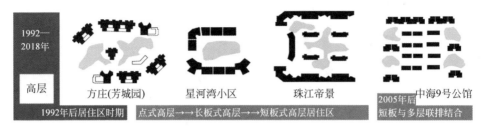

1992—2018年	方庄(芳城园)	星河湾小区	珠江帝景	中海9号公馆
高层				2005年后
1992年后居住区时期	点式高层→→长板式高层→→短板式高层居住区			短板与多层联排结合

图 5.1-4　北京典型住宅区布局模式变化

5.1.2　规划布局性能指标

　　住区规划布局与建筑的性能密切相关。建筑性能化设计多以量化分析为支撑,而建筑空间设计的品质亦不容忽视。住区的绿色设计主要关注住区中各建筑的性能表现与建筑设计方法。

　　住区及建筑的性能设计指标广泛,从空间角度分为建筑外部空间性能与建筑内部空间性能,涵盖了社会、经济、生态、时间等方面的内容,形成住区设计数据映射网络(图 5.1-5)。外部空间性能依据建筑对外部环境的影响特征,分为社会影响、经济影响、生态影响与时间周期影响等。其中,从规划布局的社会影响出发,性能指标可分为以视觉效果为代表的舒适性指标、以社交强弱程度为代表的健康性指标、以美学效果为评价依据的文化性指标等。规划布局的经济影响的主要评价指标为建筑建造成本。生态可持续性能的规划布局影响指标以物理环境指标为主。例如,建筑热环境影响主要评价指标为湿黑球温度(WBGT)、室外气候评价指标(UTCI)、风冷指数(WCI)等温湿度指标,其中太阳辐射、温度、湿度与风速等常作为评价指标。

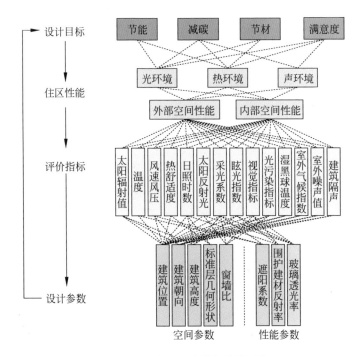

图 5.1-5　住区设计数据映射网络

　　在内部空间性能方面,依据建筑对内部环境的影响特征,
分为社会影响、经济影响、生态影响与时间周期影响。其中,
从规划布局的社会影响出发,内部空间性能指标的分类与外
部空间性能指标分类相同,包括以视觉效果为评价依据的舒
适性指标、以社交强弱程度为评价依据的健康性指标、以美学
效果为代表的文化性指标等。在规划布局的经济影响中,建
筑建造成本为主要评价指标。物理环境影响则在生态可持续
性特征中占主要部分。例如,建筑热环境影响中,主要性能指
标为太阳辐射、温度、湿度、热舒适环境等;在建筑光环境影响
中,日照时数、太阳反射光控制、采光系数、遮阳系数、眩光指
数、天然采光、照度等为主要性能指标;在建筑声环境中,建筑
隔声为主要性能指标。

　　物理环境性能与住区规划布局情况关系密切,依据现有规范与研究进展,确定物理环境性能的指标区间。对于室外环境性能,分为场地日照时数和室外热气候指数两个指标区间。场地日照时数在大寒日应不小于两小时。热环境评价指标采用室外气候评价指数(UTCI)进行评价,评价指标分类以及指标区间如表5.1-1所示。室内环境性能指标分为建筑日照时数、室内采光系数和视觉指标。首先,《建筑气候区划标准》(GB 50178)按照地区和建筑类型对住宅建筑的日照标准进行规定,例如,北京地区大寒日底层窗台面必须满足最少两小时的日照时数。其次,在采光环境控制中,按照《建筑采光设计标准》(GB 50033)对建筑空间的功能分类,分别限制其采光系数、室内天然光照度标准值,以此作为采光性能的评价指标。同时,采用视觉指标作为建筑室内获得的可见天空视野比例。良好的房间视野对住户身心与生活幸福获得感有很大提升,满足健康建筑的设计理念。作为对既有建筑规范中房间视觉指标的补充,本研究将视觉指标纳入住区布局规划性能指标中。

表 5.1-1　热环境指标分类

热量感知等级	UTCI
严寒	$-27 \sim -13$
寒冷	$-13 \sim 0$
略微寒冷	$0 \sim +9$
舒适	$+9 \sim +26$
温暖	$+26 \sim +32$
炎热	$+32 \sim +38$

　　住区内,建筑群体的性能影响涉及多种评价指标,而不同设计目标的组合又对各个住宅单体建筑性能和建筑群布局产

生重要影响。因此，在社会、经济、美学、绿色等诸多建筑评价
类别中，关注建筑物理环境，建立住区中建筑群体性能与规划
布局形式的影响机制，以住区建筑群体的性能为目标，从建筑
外部空间与建筑内部空间两个方面出发优化住区规划布局，
重点评价其社会影响与生态影响。对于外部空间的评价围绕
美学效果与光、热环境影响，其中热环境评价采用室外气候评
价指数与日照时数。对于内部空间的评价，考虑视觉舒适与
体形系数、眩光指数和采光系数的关系。综上，选择室外气候
评价指数、场地日照、视觉指标、日照时数、采光系数 5 个指标
分析、评价住区规划布局。

5.2　规划布局设计优化方法

　　规划布局设计优化方法面向住区规划设计阶段。以对北
方严寒和寒冷地区住区规划布局模式、空间和流线组织逻辑
的特征为基础，设定住区的建筑数量、标准层形式、建筑朝向、
场地范围等基本信息，在初始规划布局基础上，采用优化算法
生成优化后的规划布局方案集（图 5.2-1）。
　　住区规划布局数据设计优化方法按照目标和效果导向的
设计流程，通过设计参数、设计条件及设计目标设定，建立规
划布局的初始方案，采用人工神经网络与多目标遗传算法，为
建筑师提供符合性能要求、按照设计指标排序的住区规划布
局方案集，以及相应的性能数据，并从中获取最优方案。优化
方法的主要任务包括：住区规划布局方案生成与参数调整、快
速性能模拟及优化、目标排序、优化方案与数据显示等。

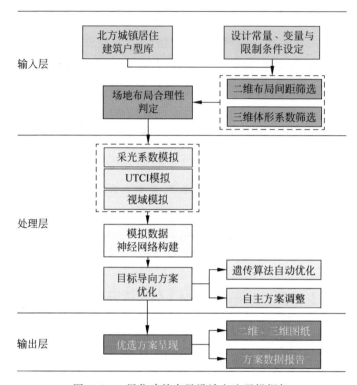

图 5.2-1　居住建筑布局设计方法逻辑框架

1. 输入规划布局设计条件

首先,建筑师输入规划布局基本信息,包括气象参数、区位条件、场地环境等。其中,区位条件包含建筑所在城市、区位位置、场地范围等。然后,由建筑师划定场地范围、标注建筑位置,选择由不同户型组合的"标准层数据库"作为住宅单体平面进行总平面布局。"标准层数据库"依据建筑设计经验户型与标准层设计方法,基于市场政策要求建立,包括由 700 多个建筑户型组合生成的标准层平面样本,供建筑师参考、选择。户型组合过程涉及户型面积,户型数量,标准层长度、宽度或比例等筛选条件。

2. 方案生成与性能可视化

通过输入的规划布局设计条件,生成规划布局的初始方案,并获取规划布局方案的性能数据,采用遗传算法获得设计参数调整及性能优化后的规划布局方案集,建立方案模型,同时显示相关信息数据,供建筑师参考。

5.2.1 设计参数与条件提取

表 5.2-1 所示的设计参数中,气象数据、标准层位置坐标、建筑层数、建筑高度、容积率、不透明建材反射率、玻璃透射率为初步设定参数,即住宅单体位置与高度的变量。建筑材料、围护结构热工信息、冷热能源类型、空调信息等作为设计常量参数,对建筑形式几何特征进行描述(表 5.2-1 中常量参数)。限定参数对住宅单体的间距、体形进行约束(表 5.2-1 中限定参数)。住区规划布局需要在一定约束条件下生成方案。首先,体形系数限制,《严寒和寒冷地区居住建筑节能设计标准》(JGJ 26)中对不同建筑气候区及不同建筑层数的体形系数有明确要求。其次,建筑高度与间距限制,《建筑设计防火规范》(GB 50016—2014(2018 版))按照建筑高度对建筑防火间距进行了规定,规划布局必须满足有关规定。第三,容积率限制,需要根据任务书设定容积率。此外,《健康住宅评价标准》(T/CECS 462)等标准从视觉卫生层面对建筑间距进行了要求与限制。为简化分析过程,将规划布局设计优化方法的设计控制条件归纳如下:①建筑边界不重合;②建筑在场地红线范围内;③容积率上下浮动 10%。

表 5.2-1　规划布局数据设计参数

参数类别	信息类别	具体内容
变量参数	几何信息	标准层位置坐标
		朝向
		户型标准层
		建筑层数
		场地及坐标
		标准层层高
		建筑高度
		窗墙比
		窗高宽比
常量参数	热工信息	不透明建材反射率
		玻璃透光率
限定参数	地方信息、	气象数据
	几何信息	容积率
		体形系数
	建筑几何标准	建筑间距
		防火间距

5.2.2　规划布局方案生成

依据数据设计方法调用不同形式的数据信息,如文本数据、图像数据等,快速整合在规划布局的参数化模型中,通过改变参数,实现设计模型响应,设计过程高效。住区规划布局数据设计方法应用参数化生成式设计方法生成建筑模型与数据信息,提供多种方案可能性,建立了模拟与优化数据的模型载体。

住区规划布局数据设计方法遵循既有的规划设计流程,即设计条件确定、建筑规范筛选、标准层选取、建筑几何形式筛选等。通过参数化平台,设定设计参数与条件的变化区间。

初始规划布局方案生成流程包括标准层数据库建立、设计条件设定、规划布局设计。其中,为得到符合规范条件的合理规划布局,在设计条件设定时,由建筑师输入建筑容积率、建筑间距、建筑朝向、建筑可移动范围、建筑在场地红线退距等信息,再选取建筑标准层形式,在场地中进行初始布局。设计条件的设定是基于开放式的条件控制框架,根据项目的不同需求对输入的设计条件扩展和删减。在规划布局生成时,在参数化平台编写布局生成的脚本语言。建筑师在建筑标准层数据库中选择标准层种类,输入建筑容积率,在建模软件中划定场地范围,确定意向布局形式,借助计算机进行设计条件的运算、判定、筛选,生成初始住区规划布局方案及模型。

5.2.3　人工神经网络性能预测模型

在规划布局性能优化设计中,基于性能模拟数据建立人工神经网络预测模型,快速完成性能预测,获得采光系数、场地与建筑日照时间、视觉指标和热气候指数等数据。规划布局的人工神经网络模型依靠性能模拟软件获得一定数量的数据,作为目标数据集,通过随机选取的设计参数作为输入数据集,训练规划布局性能模型,再用一定量的输入数据进行性能预测,检验模型的拟合度,最终获得人工神经网络性能模拟模型。基于模拟软件计算数据的人工神经网络模型能够快速预测多种方案的性能数据,提高性能模拟计算效率,确保建筑师在住区规划设计初期快速获得较为精准的方案设计性能数据。

在神经网络预测过程前期,需要获取输入数据与目标数据;随机生成足够数量的参数化模型进行各项性能模拟;随后将参数与性能数据作为数据样本,建立神经网络预测模型;最后检验模型拟合度。

1. 模拟模块设定

对于住区规划布局的建筑物理环境模拟,为保证算法及工具的稳定性、实用性和可操作性,首先调用 Honeybee 和 Ladybug,采用内置的 EnergyPlus 气象数据,通过 Radiance、Daysim 等光环境模拟软件进行建筑日照、采光系数模拟,其次使用 Eddy3D 进行室外气候 UTCI 模拟(主要针对室外热环境),最后使用视觉指标进行视野模拟。

2. 预测模块设定

根据物理环境性能模拟与景观视野模拟数据,建立日照时数、采光系数、热环境指数与视觉指数的住区规划布局性能快速预测模型。人工神经网络预测方法加速了模拟过程,将空间参数与性能模拟结果直接关联,简化模拟步骤,省时高效(图 5.2-2、图 5.2-3)。

5.2.4 遗传算法多目标性能优化

多目标遗传算法是一种解决多目标优化问题的方法。在住区规划布局的多目标优化问题中,一些目标彼此影响,如建筑负荷与建筑采光等,应用多目标遗传算法,能够获得建筑负荷、采光、日照、热舒适环境等各个指标权衡下的帕累托最优布局方案集。基于 NSGA-Ⅱ遗传算法的多目标性能优化的流程为:设定规划布局关键设计参数区间,自动生成参数化模型,计算机自动检验模型有效性,通过神经网络快速预测性能,通过遗传算法迭代生成以目标为导向的规划布局优化方案集(图 5.2-4)。

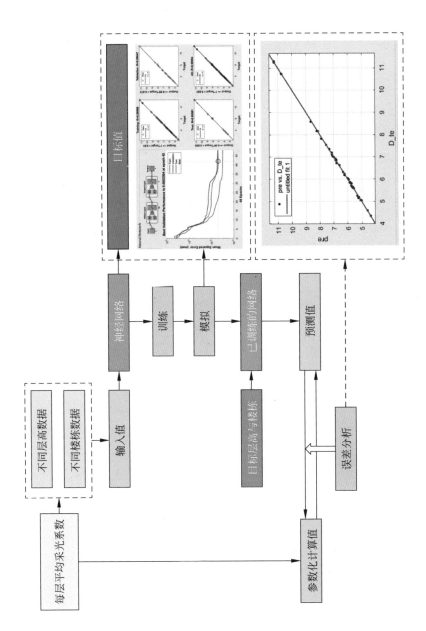

图 5.2-2 基于模拟数据（采光系数）的人工神经网络预测

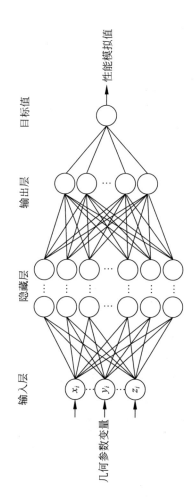

图 5.2-3　目标和效果导向下住区建筑布局人工神经网络模型结构

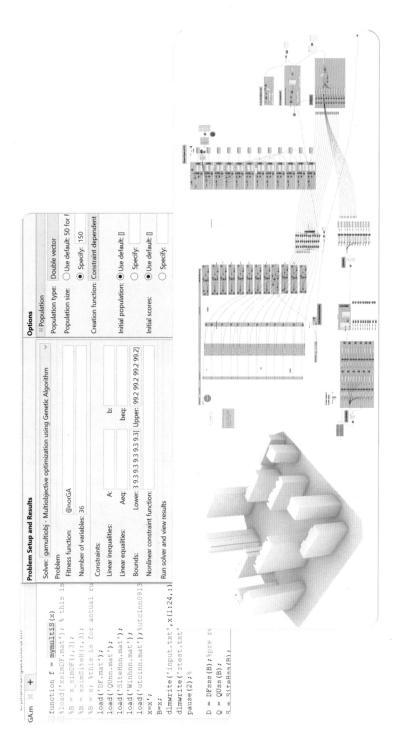

图 5.2-4 多目标遗传算法建筑布局优化流程

5.3　规划布局数据设计方法应用

以北京某住区为例,分析住区规划布局数据设计方法优化的应用效果。在优化过程中,使用人工神经网络建立 36 个设计参数和 5 个环境性能指标的预测模型,通过遗传算法对不同指标进行优化,在 113 次优化迭代后,获得 150 个较优方案样本。优化方案与初始设计方案的比较采用归一化方法。图 5.3-1 中,红色实线代表原始方案中的 36 个设计参数、5 个性能数据和排序,其他实线为相应的末代优化方案参数与性能数据组合,黑色虚线为末代优化方案数据组合的平均值。原方案性能位于末代优化方案集的中游。表 5.3-1 按照排序列出了前八组优化方案的性能相对值与初始性能值,方案 7 具有最大的采光系数值,方案 8 具有最大视觉指标值与 UTCI 值,方案 3 具有最大的场地日照值,初始方案具有最大建筑日照值。多目标优化结果中,单一目标性能值的高低与综合打分排序高低没有必然对应关系,整合优化方案是综合目标优化选择的结果。

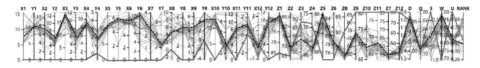

图 5.3-1　初始方案与优化后方案参数对比

图 5.3-2 显示了优化方案与初始方案的形态对比,其中白色代表原方案模型,蓝色代表优化后方案模型。优化方案模型与数据信息显示界面让建筑师能够进行性能指标权重设定与排序,并将不同性能影响下的综合住区规划布局优化方案进行排序和呈现,指导规划设计(图 5.3-3)。

表 5.3-1　初始方案与优化后方案目标值对比

优化排序方案	DF	QuVue	SiteH	WinH	UTCI	打分
1	0.956553563	0.975063805	1.059408331	0.667941463	0.813780158	0.278928741
2	1.00930506	0.993002283	1.059101646	0.648593882	0.810138469	0.290799852
3	0.991339445	0.987775096	1.065472863	0.660792389	0.810178986	0.299532576
4	0.97685872	1.017078734	1.044429108	0.689388143	0.812086987	0.301245188
5	1.051568848	0.983687552	1.062132637	0.660065508	0.807892876	0.3042946
6	1.118348254	0.985965599	1.056074426	0.659081406	0.810488385	0.308408854
7	1.146477479	0.997549454	1.054125018	0.641989989	0.807660541	0.310213006
8	0.908674886	1.021593587	1.043780743	0.747643897	0.816868515	0.32023666
初始方案	1	1	1	1	1	0.3255668

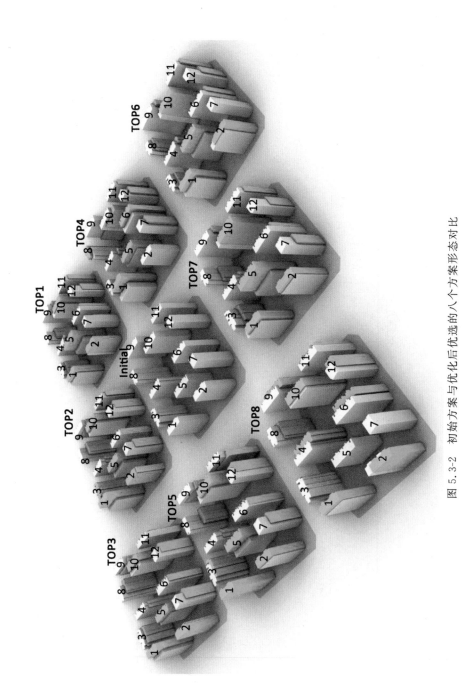

图 5.3-2 初始方案与优化后优选的八个方案形态对比

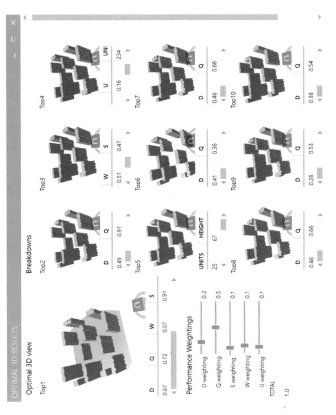

图 5.3-3　住区规划布局方案优化界面

第6章
Chapter 6

住宅单体方案数据设计方法与应用

住宅单体方案数据设计通过设计目标的界定、设计参数的有效控制、设计方法的合理选择，落实由建筑师主导的、以目标和效果为导向的绿色住宅设计。数据设计能够快速、精确地按照建筑师的需求检索、生成、分析住宅方案，可应用在以下三个方面。

1. 基于参数化的户型方案自动生成

输入所需满足的住宅方案基本信息参数，利用人工智能技术与参数化生成式算法自动生成大量符合设计目标的有效住宅方案集，并借助数据可视化模块，将生成结果及主要性能数据提供给建筑师。

2. 基于住宅案例数据库的方案检索

对住宅建筑的户型特征、平面布局、空间尺度等进行参数化，采用案例推理设计的方法，在案例数据库中进行检索和相似度匹配，获取住宅方案。

3. 基于模型识别与快速模拟的方案性能即时呈现

通过模型识别技术将方案设计模型快速转化为性能模拟模型,再使用简化的性能模拟算法,快速分析、评价住宅方案的各项性能,获取相关性能数据,即时呈现给建筑师。

6.1　方案数据设计的多样性

住宅单体建筑数据设计是基于建筑性能(目标)提取和控制设计参数(参数),最后落实到具体设计策略(设计)的过程,对设计目标的设定和对相关设计参数的有效控制,不仅从技术层面提供了必要的设计约束与指导,还为建筑师提供了同样设计参数条件下的多种不同形式、体量、空间组合特征的住宅方案。

根据住宅单体设计的数据映射网络,从相关空间参数中选取平面布局、空间尺度、体形系数、窗墙面积比,探索在一定的数据控制下的住宅设计响应的可能性(图 6.1-1)。以北京市的正南北朝向一梯两户的 6 层住宅为例,在户型层面,以各功能房间的数量(3 个卧室、1 个书房、2 个卫生间、1 个客厅)对平面布局的控制参数进行设定,以每户的套型面积(130m²)对空间尺度进行限定;在建筑层面,以窗墙面积比(南向 0.50、北向 0.35)、体形系数(0.32)为控制参数(表 6.1-1)。

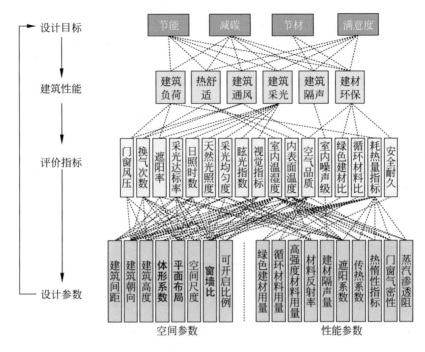

图 6.1-1　住宅单体设计数据映射网络

　　表 6.1-1 给出了可满足控制参数要求的九种住宅标准层设计方案,对于没有被设定的参数则作为方案多样性生成的可变参数。因此,建筑师可根据设计任务书要求,以及自己对不同设计参数的个性化需求进行方案生成的引导和控制,生成的方案既满足了建筑师对于方案多样性的需求,又使建筑师能够在一定的建筑性能与设计目标要求下,基于空间、意象、形式、美学等主观因素进行自由的方案设计与决策。

表 6.1-1　特定参数控制下的方案生成

地点	朝向	户型	套型面积	标准层构成	体形系数	窗墙面积比
北京	南北	3 个卧室、1 个书房、2 个卫生间、1 个客厅	130m²	一梯两户	0.32	南向 0.50、北向 0.35

6.2　基于 Grasshopper 的设计工具

住宅设计节能助手（TH-Green House Designer）是基于 Rhino 及 Grasshopper 平台的住宅自动辅助设计与优化软件。此软件主要面向建筑师，应用于前期的住宅方案设计阶段。以对北方寒冷地区住宅户型的功能、空间和交通组织逻辑的特征研究为基础，输入目标户型的户型面积、房间数量、朝向等基本信息，依据定义的算法生成接近目标性能的方案集。
软件主要功能包括：住宅方案自动生成、实时模拟及性能可视
化、方案自动/手动一键优化、方案优化参数智能判定、自动生
成标准层平面、自动 3D 建模、自动生成报告等。由于此软件
目前主要基于北方地区住宅特征进行开发，因此其功能为北
方严寒和寒冷地区住宅方案生成与优化（图 6.2-1）。

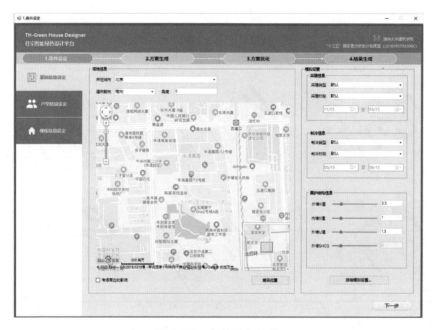

图 6.2-1　条件设定界面

软件的开发遵循目标和效果导向的设计流程，完成设计
参数及目标设定，经方案参数化生成式算法运算，为建筑师提
供大量符合功能要求的方案集与可视化的性能数据，获得多
种复杂条件下的最优方案。软件包含四个主要的功能模块：
设计参数与条件设定模块、住宅方案自动生成与性能可视化
模块、基于遗传算法的住宅能耗优化模块、图纸与报告生成模
块（图 6.2-2）。软件主要功能流程如图 6.2-3 所示。

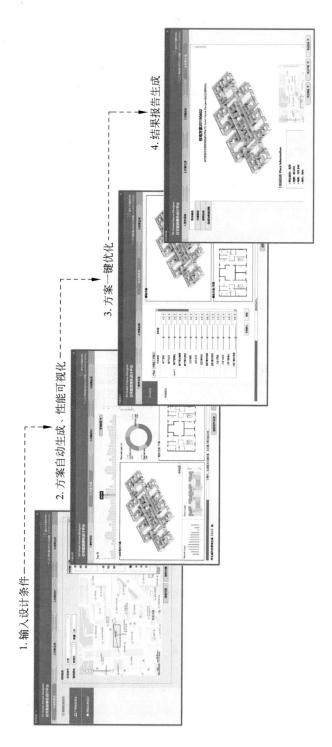

图 6.2-2　TH-Green House Designer 平台功能模块

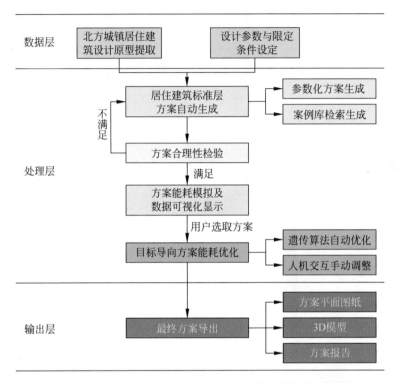

图 6.2-3　TH-Green House Designer 平台算法的主要逻辑构架

1. 输入设计条件

建筑师通过设计参数与条件设定模块,输入方案任务书的基本设计条件、户型功能与空间需求、标准层信息等各项设计参数和,设定功能空间尺度范围和建筑围护结构特征。通过参数化编码规则将这些信息转化为计算机可识别的编码(数据),输入计算机中供后续算法调用。

2. 方案生成与性能可视化

参数化生成式算法基于住宅空间逻辑架构调用方案生成模块,模拟建筑师的设计流程,限定设计条件,提取并控制户型设计参数,实现住宅标准层方案的智能生成。在此过程中,建筑师输入的方案基本信息包括户型面积、房间数量、标准层类型、朝向等,计算机对所生成的大量符合要求的户型方案进行能耗模拟,获得相关性能数据,供建筑师决策参考。

3. 基于性能的方案一键优化

在方案生成模块中,综合考虑性能参数与空间参数,确定选取其中一组作为最适合方案的设计参数,输入软件第三部分的方案优化模块中。方案优化模块为建筑师提供了两种方案优化方法:基于遗传算法的自动优化模块、人机交互的手动方案优化。在优化过程中对方案各项设计参数进行调整,进一步降低住宅能耗。

6.2.1 设计条件与参数提取

在既有的建筑设计流程中,建筑师首先需要明确建筑设计的各项先决条件,例如建筑所在的区位条件、气象数据、任务书、标准规范以及功能需求等。在目标和效果导向的设计流程中,为了实现住宅单体方案的自动生成与自动优化,同样需要明确以上各项方案设计需要满足的设计条件,并将设计条件转化为计算机能够识别的参数,供软件进一步调用。

在设计参数与条件输入模块中,将各类参数分为基础信息、户型信息、建筑信息三个部分,主要设计参数如表 6.2-1 所示。

表 6.2-1　住宅方案生成式设计参数

参数类型	参数名称	参数描述
基础信息	city	所在城市
	orient	建筑朝向
	degree	朝向偏转角度
	site_coord	场地坐标
	build_coord	建筑中心点坐标
	heat_type	采暖类型
	heat_period	采暖时段
	heat_time_start	采暖开始日期
	heat_time_end	采暖结束日期
	cool_type	制冷类型
	cool_period	制冷时段
	cool_time_start	制冷开始日期
	cool_time_end	制冷结束日期
	wall_k	外墙 K 值
	in_wall_k	内墙 K 值
	window_k	外窗 K 值
户型信息	suit_number	生成户型数量
	area	户内面积
	_range	户内面积浮动范围
	bed	单户卧室数量
	wc	单户卫生间数量
	other	其他功能房间数量
建筑信息	floor	建筑层数
	floor_type	标准层高类型
	unit	单元数
	heat_type	采暖类型

1. 基础信息参数设定

方案基础信息包括住宅所处位置的区位条件、气候特征、场地环境,以及用于详细模拟的住宅设计基本参数,是进行方案生成的基础。其中,区位条件包含建筑所在城市、区位位置、朝向、场地范围等,用户可以利用地图窗口,搜索场地位置,勾画建筑中心位置和场地范围。目前此软件仅支持北方严寒和寒冷地区的主要城市的方案生成和优化。详细模拟设置可自定义包括采暖时段、制冷时段和围护结构信息等在内的能耗模拟计算的边界条件参数。

2. 户型信息参数设定

住宅方案生成的基本流程分为两步:首先利用参数化生成式算法进行户型方案的自动生成,然后将户型与公共空间按一定规则进行组合,获得标准层方案。户型方案的自动生成需要明确户型信息参数,包括套内面积、套内面积浮动范围、各功能房间数量等。此外,还可以对各个功能房间的面积、面宽、进深、比例等进行范围界定,提高户型方案生成的合理性,以及在合理范围内实现方案生成的多样性。此环节的默认参数根据《建筑设计资料集(第三版)》及《住宅设计规范》(GB 50096—2011)制定。

3. 建筑信息参数设定

建筑信息包括建筑层数、单元数以及常见标准层类型等,标准层类型目前包括"一梯两户""一梯三户""一梯四户""走廊式"等。

6.2.2 单体方案自动生成

随着人工智能技术的飞速发展,借助计算机进行方案的自动生成是建筑行业未来重要的发展方向。参数化生成式设计方法的优势是,通过快速获取多种设计方案可能性,进行数据筛选寻优,获得目标和效果导向的最有利方案,使整个设计过程更加科学、高效。参数化生成式设计方法不仅是一种新的设计模式,还包含了对方案多样性的挖掘,和对数据的深入分析与组合优化,这些优势是既有的建筑设计方法不具备的。

TH-Green House Designer 将参数化生成式设计方法与住宅空间特征相结合,初始的户型设计参数源于对城镇住宅案例库中的案例进行的分析与归纳。在方案生成前,对户型参数及其他设计条件进行有效提取、合理控制,形成住宅单体方案的生成规则,在 Grasshopper 平台上进行参数化生成式算法的编写。方案自动生成模块可以归纳为以下三个部分。

1. 设计原型提取

对 300 多个北方住宅标准层方案数据库进行归纳,依据住宅的基本特征,建立参数化模型。具体做法是将住宅方案生成过程拆分为户型生成与户型组合两部分,每个部分分别提取相应的形式生成逻辑。在户型生成过程中,将住宅案例库的方案依据交通空间特征、入户门位置、建筑朝向、外窗开启位置、户型轮廓形状等进行归纳分类(图 6.2-4),将各种户型类型进行简化抽象,特征提取,建立参数化户型设计原型。然后,将不同户型按一定规则组合获得标准层方案(图 6.2-5),用于标准层生成的特征包括户型数量、标准层类型、入户门位置、核心筒形状及尺寸等。

2. 设计条件筛选

对于计算机生成式设计,生成的方案是否合理是检验参数化生成式算法是否成功的重要依据。为了检验方案生成的合理性,加入了设计条件筛选模块。模块主要从以下三方面

保证方案生成合理性。首先,户型生成规则需要遵循现行住
宅设计标准及规范;其次,通过案例数据库的归纳分析与特征
提取,获取住宅户型功能的基本设计条件(图 6.2-6),例如户
内功能流线组织、房间之间相互关系、各功能空间距离、住宅
外围护结构形式等;最后,筛选模块具有开放性,建筑师能够
自主输入方案设计条件,实现更加精细、人性化的方案筛选。

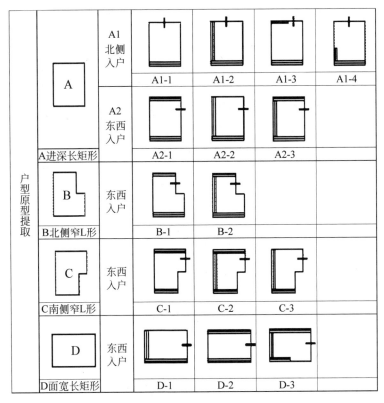

图 6.2-4　户型设计原型提取

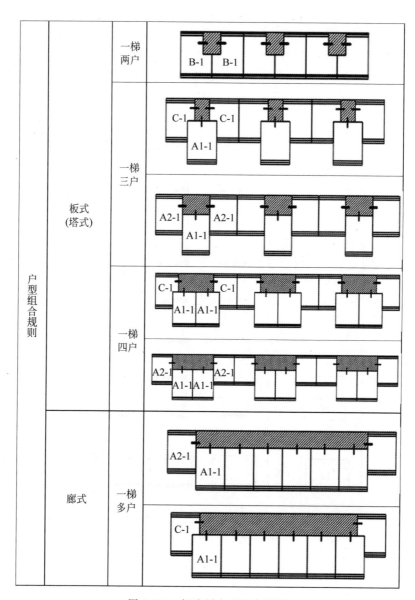

图 6.2-5 标准层户型组合规则

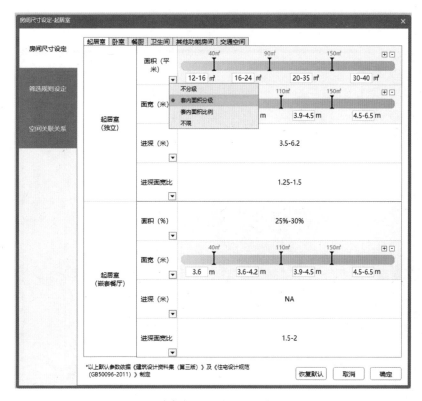

图 6.2-6　设计条件设定界面——房间尺寸设定

3. 户型自动生成的算法实现

在以上两部分的基础上，基于 Grasshopper 平台及 Python 语言编写户型参数化生成式算法。首先，基于住宅设计原型，采用参数化生成式算法进行方案的随机生成。然后，将生成的方案提交至设计条件筛选模块，判定所生成方案是否满足要求。不满足则舍弃，重新生成，直至获得满足要求的方案，完成方案平面和模型的生成。最后，调用能耗模拟模块，自动获取方案的能耗数据，并通过可视化界面直观地呈现给建筑师（图 6.2-7）。通过上述流程，能够获取大量符合设计条件的有效方案，以及方案的能耗数据。

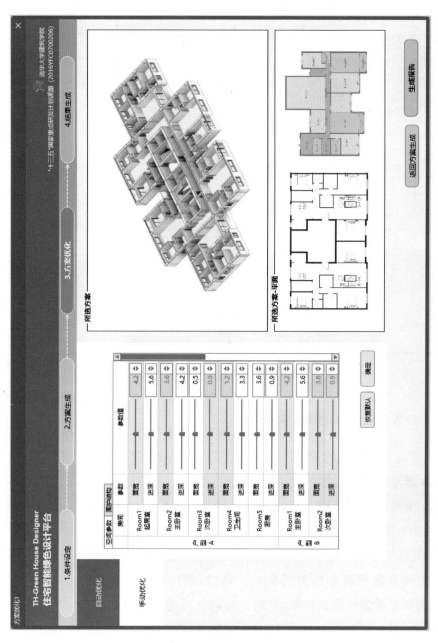

图 6.2-7 方案生成与能耗可视化界面

6.2.3　遗传算法多目标性能优化

在绿色住宅数据设计中,以目标和效果为导向,结合参数化设计与遗传算法,能够高效解决性能优化的问题,获取能耗、采光、通风、热舒适等绿色性能最优的住宅方案。基于遗传算法的自动优化模块,首先提取住宅建筑常见的设计参数,自动建立参数化模型,通过计算机实现高效的优化反馈,完成复杂的多目标方案优化,筛选出最优方案。

在遗传优化的过程中,提取优化参数、建立参数模型,编写计算程序,调用优化算法及相关软件等一系列步骤会造成前期工作大量增加,技术门槛也比较高,在实际工程中的应用困难较大。为降低优化过程的技术难度,提高优化效率,在 TH-Green House Designer 的开发过程中提供了简化的优化算法,实现户型特征自动识别、户型空间自动判定以及围护结构设计参数自动调整,并自动建立参数模型、调用EnergyPlus 实时计算能耗数值。根据用户的特定需求,遗传算法模块能够自动优化各个方案,降低能耗,减少建筑师反复修改、调整的工作,实现了北方住宅标准层方案的一键智能优化。

TH-Green House Designer 除支持方案的一键智能优化功能外,还提供实时可视化的方案手动调整功能。这一功能类似 BIM 的参数化功能,建筑师可以根据设计意愿改变设计参数数值,调整设计方案。此外,在优化过程中,TH-Green House Designer 通过自动调用能耗模拟软件,实时获取方案调整后的能耗数据,对优化后的方案平面、模型、面积等信息提供可视化的优化反馈结果,实现人机交互功能,提高方案调整的直观性与便捷性。

自动优化与手动优化功能通过方案特征识别算法实现,此算法支持的优化参数包括房间尺寸、外窗体形、围护结构三部分。其中,房间尺寸包含各个主要功能房间的面宽、进深;外窗体形包含各朝向的窗墙比、窗的长宽比及窗台高度;围护结构包含外墙、外窗、内墙等的围护结构的基本性能参数。

6.2.4 平台工具应用

利用 TH-Green House Designer 对北京某住宅项目进行方案优化。在优化过程中,使用遗传算法对 27 个设计参数进行优化,共获得 3800 组优化方案的单位面积总负荷、采暖负荷和制冷负荷模拟结果。在所有方案中,单位面积总负荷最小值为 $4.74\mathrm{W/m^2}$,最大值为 $6.76\mathrm{W/m^2}$,平均值为 $5.66\mathrm{W/m^2}$,标准差为 0.32。根据优化结果,最优方案比原方案的单位面积总负荷降低了 $0.86\mathrm{W/m^2}$,比最不利方案负荷降低了 $2.02\mathrm{W/m^2}$。表 6.2-2 展示了原方案以及 3 个最优方案的基本信息,房间负荷分布表示每户各个房间的单位面积负荷。不难发现,优化后的方案中房间负荷有明显的降低,尤其以北向房间的能耗降低效果最为明显。

表 6.2-2　初始方案与优化后方案

项目	初始方案	最优方案1	最优方案2	最优方案3
总能耗/(W/m²)	5.60	4.74	4.75	4.76
户型模型(自动生成)				
房间负荷分布				
层高/m	3.00	2.71	2.70	2.73
外墙传热系数/(W/(m²·K))	0.40	0.25	0.25	0.25
外窗传热系数/(W/(m²·K))	1.50	1.53	1.54	1.56

通过户型方案优化,最优方案与原方案相比,单位面积总负荷降低 18.1%;最优方案单位面积总负荷比最不利方案降低 48.1%。因此,对已有方案进行参数化优化,能够起到明显的住宅性能提升效果。

不同能耗梯段的方案形态对比如图 6.2-8 所示。白色代表原方案模型,黄色代表优化后的方案模型,左上角数值代表单位面积总负荷模拟结果,右下角代表一些重要的设计参数取值。方案的总负荷越高,层高、外墙传热系数呈逐渐增高的趋势;方案的总负荷越低,空间形态则呈现紧缩、凹凸减少的趋势。

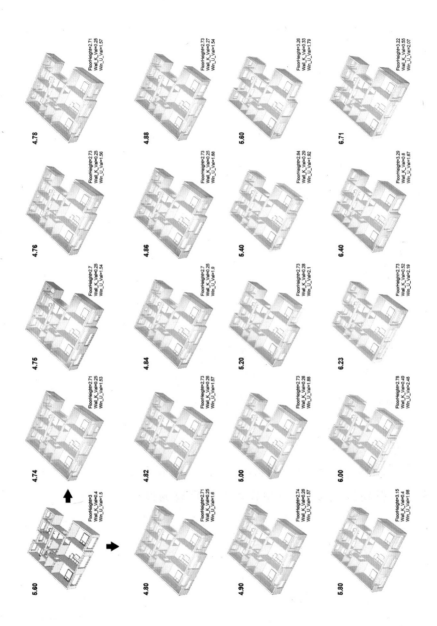

图 6.2-8 不同能耗梯段方案形态对比

6.3 基于 SketchUp 的设计工具

6.3.1 案例库检索工具 TH-House

TH-House 基于 SketchUp 平台开发,采用 html/css/js 和 Ruby 编程语言,实现基于户型拓扑特征进行案例检索与匹配,为建筑师提供满足特定设计需求的户型设计方案的功能。html/css/js 用于开发软件的前端,即用户交互界面设计;Ruby 用于开发软件的后端,用于操作 SketchUp 模型、实现算法和读写数据。此工具允许建筑师在可视化插件中输入设计信息,包括户型信息、房间数、房间空间关系,根据模型的相似度匹配运算,从案例数据库中筛选相似度高的住宅方案,进行可视化显示,辅助住宅户型设计。

TH-House 分为三层架构,界面层、业务层和数据层。界面层的功能是读取建筑师输入的信息,展示运算的结果;业务层的功能为实现基于图像识别的模型匹配与推荐算法,建筑师输入的设计信息被表示为一张图,通过与案例库中的模型进行相似度计算,并根据相似度进行排序,最后获得最相似的若干个模型,返回给前端;数据层包含 300 个北方住宅优秀案例的标准层平面、三维数据模型及空间逻辑编码数据等(图 6.3-1、图 6.3-2)。

TH-House 采用案例推理设计方法,在流程上主要包含户型特征描述、参数化、建库和检索匹配等环节,其中参数化和检索匹配最为关键。

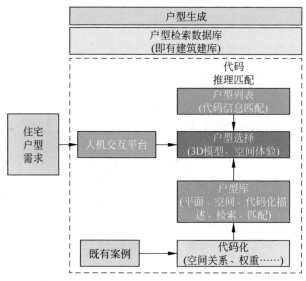

图 6.3-1　TH-House 基本逻辑框架

1. 参数化

将不同功能房间的尺寸、属性、空间拓扑关系进行参数化，转化为计算机可以识别的数据。对于户型设计，从户型基本设计参数、功能房间空间关系、户型设计补充参数三个方面进行描述与数据转化，户型基本设计参数包括各个房间的面积、进深、面宽、朝向；户型设计补充参数为户型的窗墙比、房间数和总面积等数据信息。其中，功能房间之间的空间关系被定义为连通性关系（"分离"）、方位关系（"相邻"）和层级关系（"主从"），由此将户型特征转化为计算机可识别的编码（图 6.3-3）。

2. 检索匹配系统

在人机交互界面输入建筑师的设计需求，检索系统依据目标模型的设定参数与案例库中的模型进行相似度匹配运算，从案例数据库中选取与目标户型空间组合等关键信息相似的方案集，并按相似度进行排序、显示（图 6.3-4）。

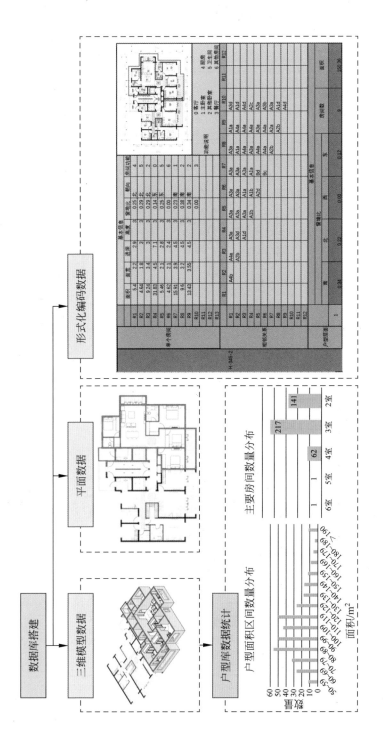

图 6.3-2　TH-House 数据库搭建

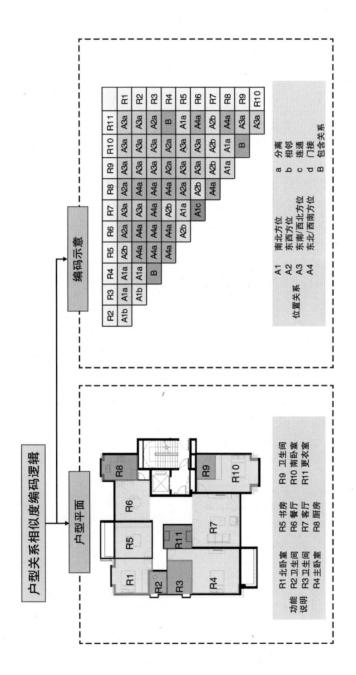

图 6.3-3　户型关系参数化过程

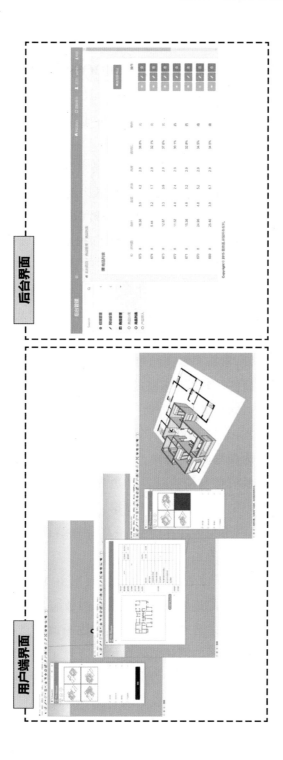

图 6.3-4 TH-House 前端、后台界面

6.3.2　能耗估算工具 MOOSAS-H

MOOSAS-H 是基于 SketchUp 平台和 Ruby 语言开发的住宅方案设计阶段的全年能耗估算工具。全年能耗计算分为供暖、空调、照明、电器设备和生活热水五个方面,并将各方面的能耗转换为耗电量以便于多方案比较(图 6.3-5)。通过简单二维平面的围合形成不同功能房间以及公共空间,然后由不同房间组合成户型,户型与公共空间组合成标准层,最后通过标准层与屋面的拼装形成住宅单体。MOOSAS-H 依托 SketchUp 对于"面"的面积计算功能,以及对于"组件"的属性定义和描述功能,对模型中各个房间的数据信息进行识别和提取,再调用相关算法进行快速分析。由于此工具适用于方案设计阶段,不需要复杂的建模过程,对于模拟边界条件的设定也较为简便,因此能够辅助建筑师快速进行方案性能的判断、对比,明确方案优化方向。

MOOSAS-H 的能耗计算流程按照数据识别与输入、计算模型自动选择与调用、分项计算、结果呈现四个步骤展开。基于建筑模型信息与模拟计算的边界条件参数,采用可视化的建模方法识别获取基础计算数据,再根据各数据属性进行归类,并自动调用相关计算模型,最终计算结果通过人机交互界面反馈给用户(图 6.3-6)。

在能耗计算流程中,模型信息数据由 MOOSAS-H 自动获取,模拟计算的边界条件数据则有两种输入方式:选择型参数、输入型参数。选择型参数用于描述场地信息,供暖能源类别,住宅建筑层面的围护结构典型构造热工性能默认值、建筑外门形式与使用工况,户型层面的照明与其他电气使用工况等,数据为不同设计对象在不同工况下的离散值。输入型参数

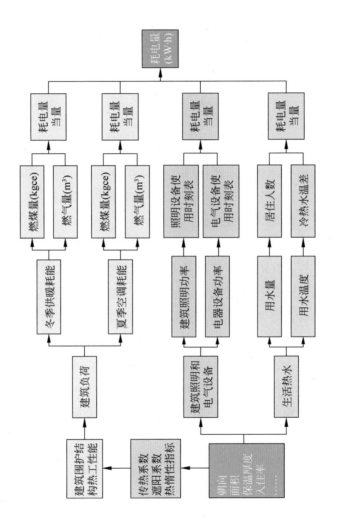

图 6.3-5　MOOSAS-H 的全年能耗计算内容

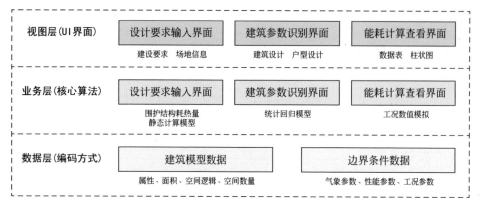

图 6.3-6　MOOSAS-H 软件架构

用于描述住宅建筑层面的层数、入住率、围护结构热工性能设计值，户型层面的每户空调拥有量等，数据类型为不同设计对象的连续变量取值。

　　相比于 EnergyPlus、DesignBuilder、DeST 等模拟分析软件，MOOSAS-H 简化了复杂的建模过程，在方案设计时可以同步进行建筑设计、设计参数与边界条件参数设定，与建筑师的设计习惯能够相互配合。此外，此工具结合北方严寒和寒冷地区城市住宅设计的相关要求，对能耗计算的方法进行了优化，在维持一定准确度的基础上进一步提升了计算效率，为设计深化或优化提供即时有效的建议和调整方向，更利于从前期对方案设计的性能与效果进行控制。

第7章
Chapter 7

绿色住宅数据设计建成效果评价

　　基于实测数据的建成效果评价方法,用于评价建设项目设计目标的实现情况,并检验数据设计方法的可靠性。建筑运行过程中的性能表现不仅受建筑本身影响,还在很大程度上受到使用者行为和操作方式制约,例如使用者的个性化需求、人员时空分布特征、空间使用节律、设备设置习惯与偏好、分时分区控制模式等。项目建成后的实际效果评价应考虑使用者的不确定性影响,并通过实际效果和设计目标比较,对设计方法进行改进和完善。

7.1　关键指标效果评价框架

　　基于实际效果建立的绿色住宅效果评价框架和体系(表7.1-1),围绕节能、减碳、材料循环利用、满意度,以建筑生命周期减碳和室内环境满意度提高为首要目标,节能与节材

表 7.1-1　目标和效果导向的绿色住宅效果评价框架示意

目标	分项类别	可评价/测量指标	限值要求	评价依据	达标情况	用户满意度
生命周期碳排放 【建材】 【建造】 【运维】 【废弃】	节能 — 耗水	调蓄雨水功能绿地面积比例	≥30%	GB/T 50378—2019	√	
		雨水疏导收集	有/无	GB/T 50378—2019	×	
		地表径流控制率	≥55%	GB/T 50378—2019	√	
		耗水量	—		√	
	耗电	建筑朝向	—		—	
		体形系数	根据住宅层数确定	JGJ 26—2018	√	
		窗墙比	根据住宅朝向确定	JGJ 26—2018	√	
		门窗气密性	≥6级	GB/T 7106—2008	√	
		门窗风压	≤5Pa（除避风第一排建筑外,建筑庭院风压和背风面表面风压差） >0.5Pa（50%以上可开启外窗室内外表面的风压差）	GB5 0176—2016	√	
		供暖耗热量	耗热量指标	GB/T 51161—2016	√	
		空调耗热量		GB/T 51161—2016	√	
		电梯节能标识	有/无	GB/T 50378—2019	√	
		照明功率密度值	根据房间确定	GB 50034—2013	√	
		公共空间照明节能设备	有/无	GB/T 50378—2019	√	
		其他电器设备功率密度值	—	JGJ 26—2018	√	
	节能 — 耗气	燃气使用量	—		√	
	节材 — 工业化	预制率	≥35%混凝土体积	GB/T 50378—2019	×	
		土建装修一体化	有/无	GB/T 50378—2019	√	
	耐久性	高强度建筑结构比例	≥50%	GB/T 50378—2019	√	
	经济性	可循环材料使用率	≥10%	GB/T 50378—2019	×	
		绿色建材使用率	≥30%	GB/T 50378—2019	×	
		装饰性构件造价比	≤2%总造价	GB/T 50378—2019	√	
室内物理环境	空气品质	PM2.5浓度	≤25ug/m³	GB/T 50378—2019	√	
		CO₂浓度	≤0.07mg/m³	T/CECS462—2017	√	
		VOC浓度	≤10%规定浓度or≤0.42mg/m³	GB/T 18883—2002、T/CECS462—2017	√	
		甲醛浓度	≤10%规定浓度or≤0.07mg/m³	GB/T 18883—2002、T/CECS462—2017	√	
		通风开口与房间地板面积	≥5%主要功能房间,or 10%厨房间	GB/T 50378—2019、T/SUS 11—2021	√	
	室内光环境	日照时数	根据气候区确定	GB 50180—2018	√	
		室内天然光照度	根据房间确定	T/CSUS 11—2021	√	
		室内平均采光系数		GB 50033—2013	√	
		采光系数达标面积比例	≥60%房间面积不低于300lux的小时数不少于8h/d	GB/T 50378—2019	√	
		公共空间天然采光	有/无	GB/T 50378—2019	√	
		采光均匀度	视线夹角、遮挡物距离	T/CECS462—2017	×	
		眩光指数	按窗亮度计算眩光指数限值	GB 50033—2013	√	
	室内噪声	室内噪声级	声环境功能区的低高限平均值	GB 3096—2008、GB 50118—2010	√	
		围护结构隔声量	各部位低限高平均值	GB 50118—2010	√	
	热环境	逐时干球温度	采暖房应取18℃,非采暖房间应取12℃	GB 50176—2016	√	
		冬季室内相对湿度	30%~60%	GB 50176—2016	√	
		夏季室内相对湿度	60%	GB 50176—2016	√	
		温度场	—	GB 50176—2016	—	
室外环境	物理环境	风速	≤5m/s or 2m/s	GB/T 50378—2019	√	
		风压	≤5Pa or 0.5Pa	GB/T 50378—2019	√	
		无风区或涡流区	有/无	GB/T 50378—2019	√	
		场地背景噪声级	2类限值≤环境噪声值≤3类限值	GB 3096—2008	√	
		场地遮阴措施投影面积比例	≥30%	GB/T 50378—2019	√	
		直射光线方向	不直射空中/外窗	T/CSUS 11—2021	√	
		地面眩光值	眩光限值	T/CSUS 11—2021	√	
	功能配置	出入口距离各类设施的距离	根据设施类别确定	GB/T 50378—2019、T/CSUS 11—2021	√	
		地面停车位数量	≤10%×住宅总套数	GB/T 50378—2019	√	
		公共活动区域无障碍设计	有/无	GB 50763—2012	√	
		安全防护措施（主动）	有/无	T/CSUS 11—2021	√	
		绿化率	≥105%×规划指标	GB/T 50378—2019	√	
		人均集中绿地面积	0.50/0.35	GB/T 50378—2019	√	
		复层绿化比例	≥30%	GB/T 50378—2019	×	
		透水铺装比例	≥50%	GB/T 50378—2019	√	
		调蓄雨水功能绿地面积比例	≥30%	GB/T 50378—2019	√	
		雨水疏导收集	有/无	GB/T 50378—2019	×	
		地表径流控制率	≥55%	GB/T 50378—2019	√	
		室外健身场地比例	≥0.5%	GB/T 50378—2019	√	
		室内健身空间面积	≥0.3%×地上建筑面积 and 60m²	GB/T 50378—2019	√	
		健身慢行道长度	≥0.25×用地红线周长 and 100m	T/CSUS 11—2021	√	
	安全属性	公共活动区域无障碍设计	有/无	GB 50763—2012	√	
		安全防护措施（被动）	有/无	T/CSUS 11—2021	√	
		坠物缓冲区隔离带	有/无	GB/T 50378—2019	√	
		人车分流	有/无	GB/T 50378—2019	√	
		阳角安全	有/无	GB/T 50378—2019	√	
		设施防护	有/无	T/CSUS 11—2021	√	
		生态保护与补偿	有/无	GB/T 50378—2019	√	

为建筑生命周期减碳的两种有效途径。在此基础上,纳入室外环境目标(M),从宏观层面对住区规划布局的功能配置、安全属性以及物理环境进行评价。此外,将住宅的功能、流线、空间尺度等目标(N)作为扩展和补充,形成基于建成后实际运行效果的"4＋M＋N"绿色住宅评价体系。其中,上述各类目标包含不同的评价内容和相应指标,节能可分为耗水、耗电、耗气三个方面;节材可分为工业化、耐久性和经济性三个方面;室内物理环境可分为室内空气品质、光环境、声环境和热环境四个方面。评价时参考现行绿色建筑评价标准、建筑环境设计标准、北方严寒和寒冷地区城镇居住建筑绿色设计导则等,提取可量化、可测量的评价指标,并提出具体要求。

此次课题的示范项目围绕"4＋M＋N"绿色住宅体系中的"4"(节能、减碳、材料循环利用、满意度)进行建筑性能的重点研究,通过指标的分解和细化,建立相应的指标评价模型,并根据相关规范及研究成果,确定各指标的基准值和目标值。约束值为各指标需要达到的基准线,评价中作为衡量项目相关指标实际效果的提升情况的依据;目标值为示范项目所依托的"十三五"课题要求实现的最终效果,即能耗比《民用建筑能耗标准》同气候区同类建筑能耗的约束值降低不少于30％,可再循环材料使用率不低于10％,碳排放比2005年基准值降低45％,室内环境用户满意度高于75％。

7.2 示范项目概况

1. 示范项目一

示范项目一(图7.2-1)位于北京市门头沟区,项目用地地势平缓,总建设用地面积为44110m²,容积率为3.5,共建12栋建筑,其中住宅楼10栋、商务办公及商业楼2栋,其中1、2、3、8号楼为本项目的示范建筑,4栋示范建筑的总建筑面积为54626m²,总户数为442户,结构形式均为现浇钢筋混凝土剪力墙结构。示范建筑的信息如表7.2-1所示。

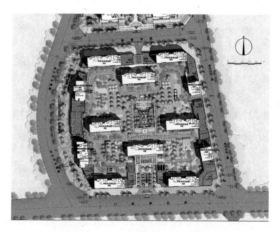

图7.2-1 示范项目一总平面图

资料来源:北京维拓时代建筑设计股份有限公司

表7.2-1 示范项目一建筑信息表

楼号	总建筑面积 /m²	地上建筑 面积/m²	地下建筑 面积/m²	层数(地上/ 地下)	建筑高度 /m
1	12750	11629	1121	20/2	62.2
2	13558	12474	1084	20/2	62.2

楼号	总建筑面积/m²	地上建筑面积/m²	地下建筑面积/m²	层数（地上/地下）	建筑高度/m
3	15260	12164	3095	21/3	62.2
8	13058	11128	1930	27/3	78.5

示范建筑在方案设计时采用数据设计方法优化总图布局、建筑与户型空间，并在此基础上对其围护结构的形式、构造以及设备系统进一步深化调整。供暖方面，项目采用燃气锅炉房供暖，供暖系统分为低区（13层及以下）和高区（14层及以上），1、2号楼采用分室温控地板供暖系统，3、8号楼的供暖系统为下供下回双管异程式系统。制冷方面，1、2号楼每户住宅采用变频多联式热泵中央空调系统，3、8号楼采用分体机空调。此外，每户设置新风热回收系统，系统收集回风的热量用于与新风进行冷热交换，降低系统新风耗冷（热）量。施工建设过程中，根据工程设计图纸，对材料使用和机具用能进行数据采集，计算节材和材料循环使用情况。项目建成后，结合模拟数据与实测数据，分析示范建筑设计目标的实现情况。实测数据包括建筑运行阶段各户起居室与卧室的全年逐时温湿度、用能计量表监测数据等。结合模拟数据、实测数据，对照国家相关标准的具体要求，计算分析示范建筑的综合节能减碳潜力、循环材料使用率和室内环境用户满意度。

2. 示范项目二

示范项目二位于天津市北辰区，总建筑面积17837m²，地上18层，地下1层，建筑高度53.65m。2、13、16号楼为本项目的示范建筑，示范建筑均为一梯四户，其中13号楼建筑面积6470m²，采用传统现浇施工工艺；2号楼建筑面积6470m²，采用水平装配式施工工艺；16号楼建筑面积6150m²，采用全装配钢筋混凝土结构。装配式建筑的标准层装配率为78%。通过三栋示范建筑施工阶段的碳排放分析,比较不同施工工艺的碳排放量。

7.3 建筑运行能耗评价

建筑运行能耗评价以示范项目一为研究对象,主要包括三个方面:一是按照项目设计方案采用能耗模拟软件进行建筑耗热量、负荷和能耗等指标计算;二是对项目建成后的实际运行阶段的耗热量指标、燃气消耗量、综合电耗等进行监测与计量;三是将模拟计算结果、实测结果与国家相关标准的约束值进行对比分析和效果验证,综合评价设计目标的实现情况。

7.3.1 能耗评价指标设定

能耗评价的基准值主要依据《民用建筑能耗标准》(GB/T 51161—2016)[9](以下简称《能耗标准》)中的供暖能耗和非供暖能耗的相关要求进行设定。其中,非供暖能耗分别以寒冷地区综合电耗指标和燃气消耗指标的约束值作为基准值①,当住户实际居住人数多于3人时,综合电耗指标和燃气消耗指标实测值需进行修正;供暖能耗以北京地区的建筑耗热量指标约束值作为基准值②,严寒和寒冷地区建筑供暖能耗需要以一个完整的供暖期内单位建筑面积供暖系统能耗量作为能耗指标的表现形式。

---

① 寒冷地区综合电耗指标约束值为2700kW・h/(a・H),燃气消耗指标约束值为150m³/(a・H)。
② 北京地区建筑耗热量指标约束值为0.26GJ/(m²・a)。

7.3.2　能耗分析效果验证

示范建筑的实际节能效果验证需要结合计算机模拟分析结果与实际运行能耗数据，对照约束值进行综合分析评价。首先，非供暖能耗评价分为综合电耗与燃气消耗两部分。综合电耗指标采用 DeST 软件进行示范建筑建模，及建筑冷热负荷、空调系统能耗、照明系统能耗和电梯系统能耗等模拟计算(图 7.3-1)，参照建筑的围护结构热工性能参数按照《民用建筑热工设计规范》(GB 50176—2016)[49]及《北京市居住建筑节能设计标准》(DB 11/891—2012)[50]的规定值进行选取。燃气消耗部分的消耗指标则采用 2019 年 7 月—2020 年 8 月的实测数据进行分析评价。此外，对于供暖能耗评价，本项目通过建筑耗热量的现场实测，记录了示范建筑从 2019 年 11 月 11 日—2020 年 5 月 9 日的热量表数据。

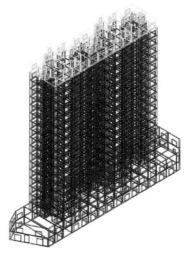

图 7.3-1　示范项目—建筑 DeST 模型示意

资料来源：中国建筑科学研究院有限公司

经模拟计算与实测数据分析,四栋示范建筑的供暖与非供暖能耗指标如表 7.3-1 所示。其中,示范建筑的非供暖能耗综合耗电量指标相比于约束值分别降低了 31.8%、31.8%、37.9% 和 41.7%,四栋建筑的平均综合耗电量指标为 1734.15kW·h/(a·H),综合耗电量指标降低 35.77%;建筑耗热量指标相比于约束值分别降低 46.15%、15.38%、26.92% 和 30.77%,四栋建筑的平均耗热量为 0.18GJ/(m^2·a),耗热量指标降低 30.77%;四栋建筑的平均燃气消耗指标为 134.72m^3/(a·H),相比于约束值下降 3.77%。

表 7.3-1　示范项目一建筑能耗指标

楼号	综合电耗指标 /(kW·h/(a·H))	建筑耗热量指标 /(GJ/(m^2·a))	燃气消耗指标 /(m^3/(a·H))
1	1841.1	0.14	111.00
2	1841.1	0.22	134.51
3	1674.4	0.19	121.51
8	1575.0	0.18	148.67

综上所述,本项目的四栋示范建筑取得了较好的节能效果。其中非供暖能耗中的综合电耗节能效果最显著,供暖能耗亦有较明显节能效果,而燃气消耗虽满足国家标准的相关约束要求,但提升幅度有限,原因在于燃气消耗主要用于居民炊事等日常生活中较为稳定的活动,因此其节能潜力不及供暖耗能与综合电耗。

7.4　可再循环材料使用评价

可再循环材料使用率是衡量建筑节材的重要指标,建材的循环利用不仅有利于节约资源、保护环境,还有利于节能减碳。

7.4.1 可再循环材料使用评价方法

建筑材料的再循环和再利用可以减少新材料生产加工的资源与能源消耗,降低环境污染,并能够产生良好的经济、社会效益。示范项目一的可再循环材料使用率计算主要包括金属材料(钢材、铜等)、玻璃、铝合金型材、木材等内容,可再循环材料使用率为可再循环材料总质量与建筑材料总质量的比值。

7.4.2 可再循环材料使用率计算

根据示范项目一四栋示范建筑的建材用量表、报价表等工程设计资料,统计各栋示范建筑的建材质量,如表 7.4-1～表 7.4-4 所示。1 号楼可再循环材料使用率为 11.56%,2 号楼可再循环材料使用率为 11.25%,3 号楼可再循环材料使用率为 8.30%,8 号楼可再循环材料使用率为 9.49%,四栋示范建筑的可再循环材料质量为 7180.21t,总建筑材料质量为 70606.45t,四栋示范建筑的综合可再循环材料使用率为 10.17%。

表 7.4-1　1 号楼建筑材料用量明细表

建材种类		数量	密度/(kg/m³)	质量/t	小计/t	建材总质量/t
其他材料	混凝土/m³	5977.98	2500.00	14944.95	15982.00	18070.96
	建筑砂浆/m³	147.36	1800.00	265.25		
	屋面卷材/m³	5.80	320.00	1.86		
	砌块/m³	1539.90	500.00	769.95		

建材种类		数量	密度/(kg/m³)	质量/t	小计/t	建材总质量/t
可再循环材料	钢材/t	—	—	654.80	2088.96	18070.96
	木材/m³	854.10	600.00	512.46		
	钢筋/t	—	—	221.70		
	钢丝网/t	—	—	124.50		
	门窗玻璃/t	—	—	575.50		

表 7.4-2　2 号楼建筑材料用量明细表

建材种类		数量	密度/(kg/m³)	质量/t	小计/t	建材总质量/t
其他材料	混凝土/m³	5988.47	2500.00	14971.18	16013.68	18043.98
	建筑砂浆/m³	168.25	1800.00	302.85		
	屋面卷材/m³	5.10	320.00	1.65		
	砌块/m³	1476.00	500.00	738.00		
可再循环材料	钢材/t	—	—	637.50	2030.30	
	木材/m³	862.83	600.00	517.70		
	钢筋/t	—	—	178.80		
	钢丝网/t	—	—	120.80		
	门窗玻璃/t	—	—	575.50		

表 7.4-3　3 号楼建筑材料用量明细表

建材种类		数量	密度/(kg/m³)	质量/t	小计/t	建材总质量/t
其他材料	混凝土/m³	6149.00	2500.00	15372.50	16277.09	17749.49
	建筑砂浆/m³	53.20	1800.00	95.76		
	屋面卷材/m³	6.50	320.00	2.08		
	砌块/m³	1613.50	500.00	806.75		
可再循环材料	钢材/t	—	—	510.60	1472.40	
	木材/m³	284.70	600.00	170.82		
	钢筋/t	—	—	433.68		
	门窗玻璃/t	—	—	357.30		

表 7.4-4　8 号楼建筑材料用量明细表

建材种类		数量	密度/(kg/m³)	质量/t	小计/t	建材总质量/t
其他材料	混凝土/m³	5751.65	2500	14379.13	15153.47	16742.01
	建筑砂浆/m³	45.50	1800	81.90		
	屋面卷材/m³	6.40	320	2.05		
	砌块/m³	1380.80	500	690.40		
可再循环材料	钢材/t	—	—	458.30	1588.54	
	木材/m³	465.00	600	279.00		
	门窗木材/t	—	—	29.50		
	钢筋/t	—	—	327.38		
	门窗玻璃/t	—	—	494.36		

7.5　生命周期碳排放评价

建筑生命周期的碳排放评价以示范项目一为主要研究对象,并选取示范项目二分析装配式建筑施工建造阶段的碳排放。根据《建筑碳排放计算标准》(GB/T 51366—2019)[51],建筑全生命期可划分为建筑材料生产及运输、建造及拆除、建筑运行三个阶段。此外,《建筑结构可靠性设计统一标准》(GB 50068—2018)[52]规定,建筑结构的设计基准应为 50 年,因此示范项目的生命周期按 50 年计算。

2009 年,在哥本哈根世界气候大会上,中国政府承诺到 2020 年中国单位 GDP 二氧化碳排放比 2005 年下降 40%～45%。因此,示范项目以 2005 年国家统计局及地方统计局公布的城市居住建筑平均碳排放量为基准值,计算分析示范项目的生命周期减碳潜力。

7.5.1　建材生产及运输阶段碳排放计算

示范项目一的建材生产及运输阶段的碳排放计算采用清单法,根据工程设计图纸等资料统计各类主要建材的消耗量、相应的建材运输方式和平均运输距离,并考虑钢材、钢筋、木材、玻璃等可再循环材料对碳减排的作用(表 7.5-1~表 7.5-8)。示范项目一中各示范建筑的建材生产及运输阶段的碳排放总量分别为 1 号楼 3448.28t、2 号楼 3405.57t、3 号楼 3186.43t、8 号楼 2954.81t,共计 12995.09t。

表 7.5-1　示范项目一 1 号楼生产阶段碳排放量

材料名称	材料碳排放因子	使用量	生产阶段碳排放量/t
混凝土	$295kgCO_2/m^3$	$5977.98m^3$	1763.50
建筑砂浆	$735kgCO_2/t$	265.25t	194.95
砌块	$2.69kgCO_2/t$	769.95t	2.07
钢材*	$2050kgCO_2/t$	654.80t	671.17
木材*	$0.393kgCO_2/m^3$	$854.10m^3$	0.17
钢筋	$2340kgCO_2/t$	221.70t	259.39
钢丝网*	$2375kgCO_2/t$	124.50t	147.84
门窗玻璃*	$1130kgCO_2/t$	575.50t	325.16
总计	—	—	3364.25

* 为可再循环材料。

表 7.5-2　示范项目一 1 号楼运输阶段碳排放量

运输方式	运输碳排放因子 /$(kgCO_2/(t \cdot km))$	运输距离/km	输送量/t	碳排放量/t
混凝土专用车	0.104	17	14944.95	26.42
平板车	0.078	306	1001.00	23.89
水泥砂浆卡车	0.334	82	265.25	7.26
木材卡车	0.334	105	512.46	17.97
砌块卡车	0.334	33	769.95	8.49
总计	—	—	—	84.03

表 7.5-3 示范项目—2 号楼生产阶段碳排放量

材料名称	材料碳排放因子	使用量	生产阶段碳排放量/t
混凝土	$295kgCO_2/m^3$	$5988.47m^3$	1766.60
建筑砂浆	$735kgCO_2/t$	302.85t	222.59
砌块	$2.69kgCO_2/t$	738.00t	1.98
钢材*	$2050kgCO_2/t$	637.50t	653.44
木材*	$0.393kgCO_2/m^3$	$862.83m^3$	0.17
钢筋*	$2340kgCO_2/t$	178.80t	209.20
钢丝网*	$2375kgCO_2/t$	120.80t	143.45
门窗玻璃*	$1130kgCO_2/t$	575.50t	325.16
总计	—	—	3322.59

* 为可再循环材料。

表 7.5-4 示范项目—2 号楼运输阶段碳排放量

运输方式	运输碳排放因子/$(kgCO_2/(t \cdot km))$	运输距离/km	输送量/t	碳排放量/t
混凝土专用车	0.104	17	14971.18	26.47
平板车	0.078	300	937.10	21.93
水泥砂浆卡车	0.334	82	302.85	8.29
木材卡车	0.334	105	517.70	18.16
砌块卡车	0.334	33	738.00	8.13
总计	—	—	—	82.98

表 7.5-5 示范项目—3 号楼生产阶段碳排放量

材料名称	材料碳排放因子	使用量	生产阶段碳排放量/t
混凝土	$295kgCO_2/m^3$	$6149.00m^3$	1813.96
建筑砂浆	$735kgCO_2/t$	95.76t	70.38
砌块	$2.69kgCO_2/t$	806.75t	2.17
钢材*	$2050kgCO_2/t$	510.60t	523.37
木材*	$0.393kgCO_2/m^3$	$284.70m^3$	0.05
钢筋*	$2340kgCO_2/t$	433.68t	507.41
门窗玻璃*	$1130kgCO_2/t$	357.30t	201.87
总计	—	—	3119.21

* 为可再循环材料。

表 7.5-6　示范项目一 3 号楼运输阶段碳排放量

运输方式	运输碳排放因子 /(kgCO$_2$/(t·km))	运输距离/km	输送量/t	碳排放量/t
混凝土专用车	0.104	17	15372.50	27.18
平板车	0.078	306	944.28	22.54
水泥砂浆卡车	0.334	82	95.76	2.62
木材卡车	0.334	105	170.82	5.99
砌块卡车	0.334	33	806.75	8.89
总计	—	—	—	67.22

表 7.5-7　示范项目一 8 号楼生产阶段碳排放量

材料名称	材料碳排放因子	使用量	生产阶段碳排放量/t
混凝土	295kgCO$_2$/m^3	5751.65m^3	1696.74
建筑砂浆	735kgCO$_2$/t	81.90t	60.20
砌块	2.69kgCO$_2$/t	690.40t	1.86
钢材*	2050kgCO$_2$/t	458.30t	469.76
木材*	0.393kgCO$_2$/m^3	465.00m^3	0.09
门窗木材*	0.393kgCO$_2$/m^3	49.17m^3	0.01
钢筋*	2340kgCO$_2$/t	327.38t	383.03
门窗玻璃*	1130kgCO$_2$/t	494.36t	279.31
总计	—	—	2891.00

＊为可再循环材料。

表 7.5-8　示范项目一 8 号楼运输阶段碳排放量

运输方式	运输碳排放因子 /(kgCO$_2$/(t·km))	运输距离/km	输送量/t	碳排放量/t
混凝土专用车	0.104	17	14379.12	25.42
平板车	0.078	306	785.68	18.75
水泥砂浆卡车	0.334	82	81.90	2.24
木材卡车	0.334	105	279.00	9.79
砌块卡车	0.334	33	690.40	7.61
总计	—	—	—	63.81

7.5.2 建造及拆除阶段碳排放计算

建筑建造及拆除阶段的碳排放计算需计入施工场地区域内的机械设备、小型机具、临时设施等使用过程中消耗的能源产生的碳排放。建造阶段碳排放计算时间边界从项目开工起至项目竣工验收止,拆除阶段碳排放计算时间边界从拆除起至拆解并从楼层运出止。示范项目一的建造阶段碳排放量根据四栋示范建筑的施工机械设备工作台数以及华北区域电网平均二氧化碳排放因子($0.8843kgCO_2/(kW \cdot h)$[53])进行计算,建造阶段的能耗如表 7.5-9 所示,建造阶段的碳排放量为730.69t。此外,本项目按照拆除阶段碳排放量与建造阶段相同进行假设,因此建造及拆除阶段的碳排放量共计1461.38t。

表 7.5-9 示范项目一建设阶段能耗统计

施工机械类型	施工机械名称	规格型号	工作台班数/台	单位能源用量/(kW·h/台)	能耗/(kW·h)
混凝土和灰浆机械	混凝土振捣器	ZN70G	1140	28.60	32604.00
	混凝土输送泵	60系列拖泵 HBT6013C-5A	1140	367.96	419474.40
起重和垂直机械	塔式起重机	QTZ145	392	169.16	66310.72
	塔式起重机	TC6015A	392	169.16	66310.72
	塔式起重机	TC6015A	421	169.16	71216.36
	塔式起重机	QTZ145	502	169.16	84918.32
	人货电梯	SC200/200	140	88.29	12360.60
	人货电梯	SC200/200	140	88.29	12360.60
	人货电梯	SC200/200	189	88.29	16686.81
	人货电梯	SC200/200	189	88.29	16686.81
木工机械	木工圆锯机	MJ105	1140	24.00	27360
总计	—	—	—	—	826289.30

7.5.3 建筑运行阶段碳排放计算

建筑运行阶段的碳排放计算可分为暖通空调系统的能量消耗、生活热水系统的能量消耗、照明系统的能量消耗、可再生能源系统的能量消耗四部分。示范项目中分别以各栋示范建筑为对象,统计不同能源类型的能量消耗,计算各栋建筑运行阶段的碳排放量。示范项目一的四栋示范建筑共计 442户,其中 1 号楼和 2 号楼各 72 户,3 号楼 148 户,8 号楼 150户,据设计单位调查统计,示范建筑的实际入住率分别为 1 号楼 55%、2 号楼 55%、3 号楼 5%、8 号楼 65%。根据 DeST 模拟与实测,各示范建筑运行阶段耗能量如表 7.5-10 所示。其中,电力碳排放因子为 $0.8843 kgCO_2/(kW \cdot h)$ [53],天然气碳排放因子为 $55.54 tCO_2/TJ$ [51]。四栋示范建筑的年均运行阶段碳排放量分别为 1 号楼 152.18t、2 号楼 207.57t、3 号楼 259.75t、8 号楼 251.19t,共计 871.69t/a。

表 7.5-10 示范项目一建筑年均耗能量

楼号	非供暖能耗 /(kW·h/a)	非供暖能耗碳排放量/t	供暖能耗 /(MW·h)	供暖能耗碳排放量/t
1	72907.56	64.47	438.67	87.71
2	72907.56	64.47	715.7	143.1
3	161077.28	142.44	586.73	117.31
8	153562.50	135.80	582.11	116.39
总计	—	407.18	—	464.51

7.5.4　建筑生命周期碳排放分析

示范项目一的各示范建筑生命周期各阶段的碳排放量如表 7.5-11 所示。四栋建筑的全生命周期碳排放量为 58040.99t,每年单位面积的碳排放量为 21.25kgCO$_2$/(m^2·a)。有关研究显示[54],2005 年城镇住宅碳排放强度约为 41.0kgCO$_2$/m^2。与 2005 年城镇住宅碳排放强度相比,示范项目的每年单位面积碳排放量约降低 48.17%。

表 7.5-11　示范项目一各示范建筑生命周期碳排放量统计

评价阶段	1 号楼碳排放量/t	2 号楼碳排放量/t	3 号楼碳排放量/t	8 号楼碳排放量/t	合计碳排放量/t	比例/%
材料准备阶段	3448.28	3405.57	3186.43	2954.81	12995.09	27.39
建筑使用阶段	7609.11	10378.61	12987.53	12609.27	43584.52	75.09
施工拆除阶段	—	—	—	—	1461.38	2.52
合计	—	—	—	—	58040.99	100.00

7.5.5　建造方式对碳排放的影响

为分析不同建造方式之间的优缺点及综合效益,选取示范项目二的三个示范建筑进行比较,三栋示范建筑分别采用水平构件装配(2 号楼)、全装配(16 号楼)以及传统现浇工艺(13 号楼)建造。建筑生命周期碳排放计算中,建造阶段的碳排放计算与建造方式关系最为密切,根据示范项目二的工程设计图纸等资料,三栋示范建筑建造阶段的碳排放量见表 7.5-12～表 7.5-14。

表 7.5-12　2 号楼建造阶段碳排放量

	碳排放因子	消耗量	建筑面积 /m²	建造阶段碳排放量 /(kgCO₂/m²)
电	$0.8843kgCO_2/(kW \cdot h)$	9353(kW・h/层)	6470.24	23.01
油	$2.925kgCO_2/kg^{[53]}$	80（L/层）	6470.24	0.46
总计	—	—	—	23.46

表 7.5-13　13 号楼建造阶段碳排放量

	碳排放因子	消耗量	建筑面积 /m²	建造阶段碳排放量 /(kgCO₂/m²)
电	$0.8843kgCO_2/(kW \cdot h)$	10265(kW・h/层)	6470.24	25.25
油	$2.925kgCO_2/kg^{[53]}$	90（L/层）	6470.24	0.51
总计	—	—	—	25.77

表 7.5-14　16 号楼建造阶段碳排放量

	碳排放因子	消耗量	建筑面积 /m²	建造阶段碳排放量 /(kgCO₂/m²)
电	$0.8843kgCO_2/(kW \cdot h)$	9833(kW・h/层)	6150.24	25.45
油	$2.925kgCO_2/kg^{[53]}$	45（L/层）	6150.24	0.27
总计	—	—	—	25.72

　　计算表明,在建造阶段,由电力消耗产生的碳排放占据建造阶段总碳排放量的绝大部分。此外,采用传统现浇工艺建造的 13 号楼的耗油量为三栋示范建筑中最高,而且建造阶段的单位面积总碳排放量最高;采用水平构件装配的 2 号楼耗电量最少,同时建造阶段单位面积总碳排放量最低;全装配建造的 16 号楼耗油量最少。综上所述,本项目中,不同建造方式的建造阶段碳排放强度由大到小依次为传统现浇工艺、全装配建造和水平构件装配。在面积、层数与户型相同的情况下,装配式建造在节能减碳方面具有一定优势。

7.6　用户满意度评价

除节能、节材、减碳外,绿色住宅建成效果评价还应考虑使用者的主观感受,本书采用"满意度"评价示范项目一的用户对住宅室内环境的综合感受。

7.6.1　用户满意度评价方法

用户满意度评价采用如本章后附录所示的调查问卷进行随机抽样调查,调查样本数应不少于建筑使用人数的 20％且不少于 10 人[①]。通过分别统计用户对室内声环境、光环境、热环境、空气品质的满意度以及环境整体满意度情况,加权计算用户满意度。调查采取随机填写问卷、入户采集调查问卷和发放电子调查问卷三种方式进行,共调研 70 户,其中随机访谈填写问卷 21 户、入户采集问卷 19 户、电子问卷 30 户(图 7.6-1),随机调查数据占示范建筑总入住户数的 25.6％,符合样本数达到总数 20％以上的要求。

如前文所述,四栋示范建筑中,1 号楼和 2 号楼各 72 户,3 号楼 148 户,8 号楼 150 户,实际入住率为 1 号楼 55％、2 号楼 55％、3 号楼 65％、8 号楼 65％。因此,示范建筑实际入住户数合计为 273 户。

---

① 主观评价的调研人数确定基于 Airasian 和 Gay 随机抽样理论,样本数最好占总体数 10％以上,如果总体数少于 500,宜占 20％以上,总体数特别少时,应占 30％以上。

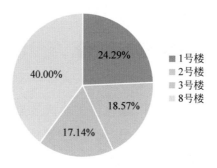

图 7.6-1　各栋示范建筑样本数比例

在《绿色建筑评价标准》(GB/T 50378—2019)中,室内声环境、室内光环境、室内空气品质、室内热湿环境以及水质是建筑健康舒适的五个评价指标,按照各评价指标的总分数计算,每个指标的权重分别为 18％、12％、20％、25％和 25％。在用户满意度评价时,围绕与室内物理环境更为密切的室内声环境、室内光环境、室内空气品质和室内热湿环境,将其累计权重作为室内综合满意度评价的权重,合计为 75％。其次,再将室内综合满意度、室内声环境、室内光环境、室内空气品质以及室内热湿环境作为本项目的评价指标,各项权重分别为50％、12％、8％、13.3％和 16.7％。最后,根据调查问卷统计结果计算各项评价指标的用户满意度,并将各项指标满意度加权平均,计算示范建筑的用户满意度。

7.6.2　室内环境满意度分布

1. 室内声环境满意度

根据调查问卷,室内声环境的用户满意度情况如图 7.6-2所示。其中,有 7.14％表示非常满意,32.86％表示满意,32.86％表示一般,27.14％表示不满意。用户对室内声环境不满意的原因集中在施工噪声、分户楼板噪声和室外宠物发出的声音三个方面,施工噪声是由于分期交房,部分住宅仍在施工,楼板噪声源于楼板的隔声性能有限。此外,用户对门窗的室外噪声隔绝效果表示满意。

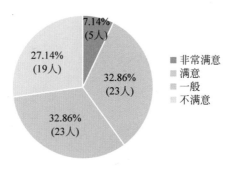

图 7.6-2　室内声环境满意度分布图

2. 室内光环境满意度

根据调查问卷,室内光环境的用户满意度情况如图 7.6-3 所示。其中,有 21.43% 表示非常满意,54.29% 表示满意,15.71% 表示一般,8.57% 表示不满意。示范建筑在设计过程中充分考虑了自然采光,并对建筑布局进行合理优化,改善了住宅的日照采光。此外,进一步调查分析发现,不满意的用户主要来自较低楼层,室内自然采光不佳。

3. 室内空气品质满意度

根据调查问卷,室内空气品质的用户满意度情况如图 7.6-4 所示。其中,有 20.00% 表示非常满意,70.00% 表示满意,10.00% 表示一般,不满意占比为 0。示范建筑的自然通风设计是室内空气品质达到较高满意度的保证。

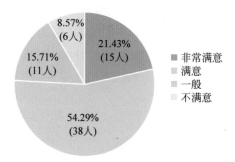

图 7.6-3　室内光环境满意度分布图

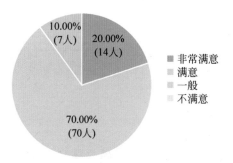

图 7.6-4　室内空气品质满意度分布图

4. 室内温度满意度

示范建筑供暖季、供冷季和过渡季的室内温度满意度情况如图 7.6-5～图 7.6-7 所示,其中部分用户由于入住时间较晚,未经历供暖和供冷季。各季节的室内温度满意度分布图显示,供暖季和供冷季的室内温度能够满足大部分用户的要求。较高的供暖季室内温度满意度受益于围护结构热工性能优化,而较高的供冷季室内温度满意度是由良好的通风设计、优化的围护结构热工特性、可自行调节室温的空调系统和新风热回收处理等措施共同保障的。

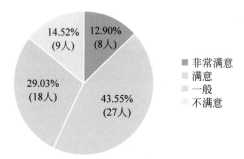

图 7.6-5 冬季室内温度满意度分布图

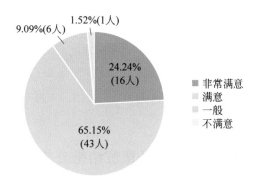

图 7.6-6 夏季室内温度满意度分布图

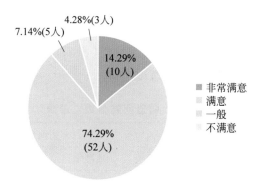

图 7.6-7 过渡季室内温度满意度分布图

5. 室内环境综合满意度

根据调查问卷,室内环境综合满意度情况如图 7.6-8 所示。其中,有 10.00％表示非常满意,78.57％表示满意,11.43％表示一般,不满意占比为 0。

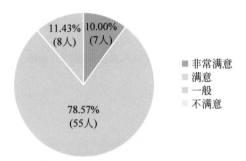

图 7.6-8　室内环境综合满意度分布图

7.6.3　用户满意度结果分析

1. 主观分析

将示范建筑室内各环境满意度以及室内环境综合满意度汇总,加权计算调查问卷分数(表 7.6-1),结果显示,用户对示范建筑室内环境满意度达到 80.23％。

表 7.6-1　调查问卷分数汇总表

项目	室内声环境	室内光环境	室内空气品质	室内温度			室内综合满意度
				过渡季	冬季	夏季	
满意度/%	40.00	75.72	90.00	88.58	57.15	90.00	88.57
				78.58			
权重/%	12	8	13.3	16.7			50
得分/%	80.23						

2. 理论分析

利用温湿度测试仪记录 2019 年 7 月 12 日—2020 年 9 月
21 日的室外温湿度数据,室内温湿度分别选取低层、中层和高
层的 2 号楼 2 单元 301 室、8 号楼 1103 室以及 3 号楼 2001 室
三户室内温湿度实测数据。根据室内温湿度实测数据,以 1℃
为温度区间统计不同温度出现的频数并计算权重,并以温度
和相对湿度为边界条件,计算各个温度区间的不满意百分比,
再以各个温度区间的满意度(即 1—不满意百分比)与对应的
天数权重乘积作为该温度区间的热舒适度分数,各温度区间
热舒适度分数求和获得示范建筑室内热舒适满意度的理论得
分(表 7.6-2~表 7.6-4),计算结果显示,2 号楼 2-301 室的热舒
适满意度得分为 76.10%,3 号楼 2001 室的热舒适满意度得分
为 89.22%,8 号楼 1103 室的热舒适满意度得分为 80.55%。

表 7.6-2　2 号楼 2-301 室 PMV-PPD 理论计算结果

温度/℃	平均湿度/RH%	天数/d	天数权重/%	不满意百分比/%	满意度/%	得分/%
31	29	4	0.13	27.00	73.00	0.094
30	38	22	0.71	26.00	74.00	0.527
29	46	73	2.36	28.00	72.00	1.700
28	49	117	3.79	16.00	84.00	3.180
27	42	73	2.36	10.00	90.00	2.126
26	47	97	3.14	6.00	94.00	2.950
25	50	142	4.59	11.00	89.00	4.089
24	52	175	5.66	10.00	90.00	5.095
23	49	256	8.28	5.00	95.00	7.868
22	43	237	7.67	8.00	92.00	7.054
21	39	363	11.74	15.00	85.00	9.982
20	36	357	11.55	15.00	85.00	9.817
19	38	319	10.32	21.00	79.00	8.153
18	38	264	8.54	31.00	69.00	5.893

续表

温度/℃	平均湿度/RH%	天数/d	天数权重/%	不满意百分比/%	满意度/%	得分/%
17	37	218	7.05	43.00	57.00	4.020
16	36	203	6.57	56.00	44.00	2.890
15	37	171	5.53	88.00	12.00	0.664

表 7.6-3　3 号楼 2001 室 PMV-PPD 理论计算结果

温度/℃	平均湿度/RH%	天数/d	天数权重/%	不满意百分比/%	满意度/%	得分/%
33	16.7	5	0.14	85.00	15.00	0.020
32	22.4	10	0.27	72.00	28.00	0.076
31	30.5	33	0.90	58.00	42.00	0.377
30	33.5	82	2.23	40.00	60.00	1.340
29	37.4	174	4.74	25.00	75.00	3.554
28	37.1	265	7.22	12.00	88.00	6.351
27	41.5	305	8.31	6.00	94.00	7.808
26	38.7	274	7.46	5.00	95.00	7.089
25	38.4	508	13.83	8.00	92.00	12.728
24	40.8	719	19.58	5.00	95.00	18.602
23	36.1	455	12.39	6.00	94.00	11.648
22	37.7	342	9.31	9.00	91.00	8.475
21	41.8	354	9.64	14.00	86.00	8.291
20	40.6	105	2.86	24.00	76.00	2.173
19	48.5	30	0.82	33.00	67.00	0.547
18	40.3	9	0.25	49.00	51.00	0.125
17	35.4	2	0.05	65.00	35.00	0.019

表 7.6-4　8 号楼 1103 室 PMV-PPD 理论计算结果

温度/℃	平均湿度/RH%	天数/d	天数权重/%	不满意百分比/%	满意度/%	得分/%
33	54.67	3	0.08	83.00	17.00	0.014
32	41.75	4	0.11	42.00	58.00	0.063
31	44.66	15	0.41	67.00	33.00	0.135
30	37.22	56	7.53	42.00	58.00	0.885

温度/℃	平均湿度/RH%	天数/d	天数权重/%	不满意百分比/%	满意度/%	得分/%
29	41.25	79	2.15	26.00	74.00	7.592
28	40.40	113	3.08	13.00	87.00	2.677
27	43.46	146	3.98	7.00	93.00	3.698
26	46.29	135	3.68	5.00	95.00	3.493
25	45.32	167	4.55	9.00	91.00	4.139
24	43.01	212	5.77	5.00	95.00	5.485
23	39.76	290	7.90	5.00	95.00	7.503
22	30.44	628	17.10	10.00	90.00	15.392
21	27.20	741	20.18	17.00	83.00	16.749
20	25.21	579	15.77	27.00	73.00	11.511
19	23.10	323	8.80	40.00	60.00	5.278
18	23.00	113	3.08	54.00	46.00	1.416
17	26.13	48	1.31	67.00	33.00	0.431
16	21.57	15	0.41	81.00	19.00	0.078
15	17.68	5	0.14	90.00	10.00	0.014

3. 用户满意度评价结论

根据主观调查问卷,用户对示范建筑的室内环境满意度达到 80.23%。以温湿度实测数据为边界条件对示范建筑中的三户进行满意度计算,三户的计算结果在 77%～89%之间,主观和理论分析的结果均满足示范项目 75%用户满意度的要求。

附录：示范项目一室内环境满意度
调查问卷

一、基本信息

1. 您居住的住宅是：_____楼_____单元_____
房间号

2. 请问您的年龄
□0～15　□16～30　□31～45　□46～60　□61 以上

3. 请问您的性别
□男　　□女

二、室内环境评价

1. 您对室内声环境（室内与外界隔音效果）的满意度
［单选题］
　　□非常满意　□满意　□一般　□不满意（不满意原因
（必填）：_____）

2. 您对室内光环境（日照是否充足）的满意度［单选题］
　　□非常满意　□满意　□一般　□不满意（不满意原因
（必填）：_____）

3. 您对室内空气品质（空气是否清晰、通风是否良好）满
意度［单选题］
　　□非常满意　□满意　□一般　□不满意（不满意原因
（必填）：_____）

4. 在非空调供暖运行期（春天、秋天），您对室内温度的满
意度［单选题］
　　□非常满意　□满意　□一般　□不满意（不满意原因

（必填）：_____）

5. 您对冬天采暖期间室内温度的满意度［单选题］

□非常满意　□满意　□一般　□不满意（不满意原因
（必填）：_____）

6. 在空调运行时段（夏天），您对室内温度的满意度［单选
题］

□非常满意　□满意　□一般　□不满意（不满意原因
（必填）：_____）

7. 您对室内环境的综合满意程度［单选题］

□非常满意　□满意　□一般　□不满意（不满意原因
（必填）：_____）

8. 与您原有住房相比，室内环境综合满意程度［单选题］

□非常满意　□满意　□一般　□不满意（不满意原因
（必填）：_____）

第8章
Chapter 8

结　语

　　在数字时代和气候变化背景下，数据在建筑设计中发挥越来越重要的作用，也将引发建筑设计方法的变革。本书针对绿色住宅建筑设计，从理论、方法和工具角度，提出建立建筑师主导、目标和效果导向的绿色住宅数据设计方法，充分体现数据的科学性对建筑设计工作的支持，弥补经验式绿色设计方法的不足，其中，数据包含与建筑性能和节能减排量化评价相关的各种目标控制指标、设计过程预测分析数据和使用后实测数据，通过全过程的数据支持，在方案设计阶段实现设计目标要求，在建成使用阶段取得实际效果。

　　数据设计方法的特点体现在以下几个方面，首先，体现建筑师的主导性，数据是为建筑设计服务，需要适应建筑师的设计工作模式和需求，保证设计工作和思路的连续性，在此基础上在设计流程全过程中建立数据支持机制，提供即时可靠的数据支持，发挥预测数据和实测数据对把控设计发展方向和科学决策的支持作用。其次，突出数据的设计响应，通过参数化设计方法、策略库与实现矩阵图来建立数据与设计的映射关系、性能与形式的关联性，在住区规划、建筑设计和细部设

计各个层级,将设计目标和控制指标细化并落实到具体建筑
方案中的形式空间几何参数和围护结构性能参数精确调整,
实现抽象化数据在建筑中的有形化和设计响应,为建筑师提
供量化评价框架下的绿色设计和技术集成的方法指引,实现
设计品质与效率的提升。最后,设计工具平台的易用性和先
进性,采用建筑师熟悉的工具平台提供友好的界面,通过即绘
即模拟和数据可视化技术实现有效的人机交互和性能驱动设
计及性能同步优化。同时,将人工神经网络、遗传算法技术应
用于设计过程中的多目标优化、快速计算和自动参数设置,引
入生成式设计方法和案例推理设计方法,基于人机协同提高
设计效率,将部分方案设计生成和优化过程交由计算机完成,
减少建筑师设计过程工作量,在提高建筑性能的同时确保建
筑师的创作空间,满足建筑师对方案的多样性要求,既发挥了
计算机在大规模运算和逻辑推导的优势,又突出了建筑师在
目标设定、方案生成、性能优化和设计决策中对设计方向和进
程的有效控制,发挥建筑师在创造性工作和综合决策中的主
导作用。

　　目标和效果导向的绿色住宅数据设计方法和工具平台结
合实际工程项目进行了示范应用,基于能耗、碳排放、建材循
环利用率、用户满意度四个关键性设计目标的要求,在建筑方
案设计和工程项目设计过程中,发挥预测分析数据和使用阶
段实测数据的作用,完成参数设置和设计优化。实测数据分
析结果表明,达到了设计目标要求并取得了实际效果,数据设
计方法的应用取得初步成果,同时,由于建筑设计工作本身的
复杂性和影响因素的多样性,在计算机新技术应用、人机协同
设计方法、数据的建筑设计响应等诸多方面,还有待广度上的
拓展和深度上的发掘,对数据设计方法做进一步完善。

参 考 文 献

[1] HONG T Z, CHOU S K, BONG T Y. Building simulation: an overview of developments and information sources[J]. Building & Environment, 2000(4): 347-361.

[2] AUGENBROE G. Trends in building simulation[J]. Building & Environment, 2002, 37(8-9): 891-902.

[3] 刘念雄,张竞予,王珊珊,等.目标和效果导向的绿色住宅数据设计方法[J].建筑学报, 2019(10): 103-109.

[4] GB/T 50378—2006.绿色建筑评价标准[S].北京:中华人民共和国住房和城乡建设部,2006.

[5] GB/T 50378—2014.绿色建筑评价标准[S].北京:中华人民共和国住房和城乡建设部,2014.

[6] FRIEDLINGSTEIN P, et al. 2019年全球碳预算[J]. Earth System Science Data,2019, 11(4): 1783-1838.

[7] 中国建筑节能协会.中国建筑能耗研究报告(2019)[EB/OL].2020. https://www.cabee.org/site/content/23565.html.

[8] 中国建筑节能年度发展研究报告(2020)[R].北京:清华大学建筑节能研究中心, 2020: 14,21.

[9] GB/T 51161—2016.民用建筑能耗标准[S].北京:中华人民共和国住房和城乡建设部,2016.

[10] GB/T 50378—2019.绿色建筑评价标准[S].北京:中华人民共和国住房和城乡建设部,2019.

[11] 中华人民共和国自然资源部.中国矿产资源报告2018[M].北京:地质出版社,2018.

[12] 中国资源综合利用年度报告(2012)[R].北京:中华人民共和国国家发展和改革委员会,2012.

[13] 付祥钊,杨李宁.对住宅空调舒适性的社会学思考[J].建筑科学,2009,25(06): 13-15,53.

[14] 林立身.中国建筑节能技术辨析[M].北京:中国建筑工业出版社,2016.

[15] 伍止超,刘东卫,朱彩清,等.以可持续发展建设理论为目标的绿色住区标准体系的构建[J].建筑技艺,2019(10): 10-13.

[16] 林波荣.绿色建筑性能模拟优化方法[M].北京:中国建筑工业出版社,2016.

[17] 徐卫国.参数化设计与算法生形[J].世界建筑,2011(6): 110-111.

［18］ MACHAIRAS V，TSANGRASSOULIS A，AXARLI K. Algorithms for optimization of building design：a review［J］. Renewable and Sustainable Energy Reviews,2014,31 （2）：101-112.

［19］ 李冰瑶. 基于多性能目标优化的住宅规划布局设计方法研究［D］. 深圳：深圳大学，2018.

［20］ 陈凌锋. 基于 Rhino 与 Grasshopper 参数化技术在风景园林规划设计中地形的应用研究［D］. 仲恺农业工程学院,2018.

［21］ MA Q，& FUKUDA H. Parametric office building for daylight and energy analysis in the early design stages. Procedia - Social and Behavioral Sciences［J］. 2016：216, 818-828.

［22］ ROUDSARI M S, PAK M. LADYBUG：A parametric environmental plugin for grasshopper to help designers create an environmentally-conscious design. In：The 13th International Conference of the International Building Performance Simulation Association. Chambéry,2013.

［23］ 郭芳. Geco 在参数化建筑节能设计中的应用——以哈萨克斯坦阿斯塔纳国家图书馆窗洞设计为例［J］. 城市建筑，2013(6)：222.

［24］ 姜妮. 基于参数化技术的建筑空间生成研究［D］. 成都：西南交通大学,2014.

［25］ 杨善林,倪志伟. 机器学习与智能决策支持系统［M］. 2004.

［26］ 魏力恺. 基于 CBR 和 HTML5 的建筑空间检索与生成研究［D］. 天津：天津大学,2013.

［27］ 李智杰. 基于 BIM 的智能化辅助设计平台技术研究［D］. 西安：西安建筑科技大学,2015.

［28］ GERO J S. Computer-Aided Architectural Design-Past，Present And Future［J］. Architectural Science Review，V. 26，No. 1，March 1983. 2-5.

［29］ SUTHERLAND I. A Man-machine Graphical Communication System ［A］. Proceedings of Spring Joint Computer Conference ［C］. Detroit：1963. 507-523.

［30］ MACHAIRAS V，TSANGRASSOULIS A，AXARLI K. Algorithms for optimization of building design：A review［J］. Renewable and Sustainable Energy Reviews，2014, 31(2)：101-112.

［31］ 陈新,吴琦,郭三学,等. 模糊综合评判在多目标优化设计中的应用［J］. 西安科技大学学报,1999,19(4)：351-355.

［32］ 刘相斌,朱嬿. 住宅建设项目多目标模糊动态规划决策［J］. 大连理工大学学报,2004, 44(001)：154-156.

［33］ 王其涛. 元启发式算法在离散选址中的应用［D］. 南京：南京航空航天大学，2010.

［34］ PARETO V. Coursd' Economie Politique［M］. Geneva：Droz,1896.

［35］ WRIGHT J，FARMANI R. The simultaneous optimization of building fabric construction，HVAC system size，and the plant control strategy. ［C］//IBPSA building simulation，RiodeJaneiro,2001.

[36] HOLLAND J H. Adaptation in natural and artificial systems. Ann Arbor，MI：University of Michigan Press，1975.

[37] 钟国栋.基于性能驱动的建筑环境优化设计方法研究［D］.武汉：华中科技大学，2017.

[38] MAGNIER L，HAGHIGHAT F. Multiobjective optimization of building design using TRNSYS simulations，genetic algorithm，and Artificial Neural Network［J］. Building and Environment，2010，45(3)：739-746.

[39] 陈航.基于多目标优化算法的寒冷地区办公建筑窗口设计研究［D］.天津：天津大学，2016.

[40] EVINS R，POINTER P，VAIDYANATHAN R，et al. A case study exploring regulated energy use in domestic buildings using design-of-experiments and multi-objective optimisation［J］. Building & environment，2012，54(none)：126-136.

[41] 刘媛媛.办公建筑能耗模型校正方法研究［D］.济南：山东大学，2016.

[42] HOLLBERG A，LICHTENHELD T，NORMAN K，et al. Parametric real-time energy analysis in early design stages：a method for residential buildings in Germany［J］. Energy Ecology & Environment，2017，3(1)：13-23.

[43] XU W，CHONG A，KARAGUZEL O T，et al. Improving evolutionary algorithm performance for integer type multi-objective building system design optimization［J］. Energy and Buildings，2016，127：714-729.

[44] ROBERTSON J J，POLLY B J，COLLIS J M. Reduced-order modeling and simulated annealing optimization for efficient residential building utility bill calibration［J］. Applied Energy，2015，148：169-177.

[45] LI Q，AUGENBROE G，BROWN J. Assessment of linear emulators in lightweight Bayesian calibration of dynamic building energy models for parameter estimation and performance prediction［J］. Energy & Buildings，2016，124(jul.)：194-202.

[46] TORBEN Φ，RASMUS L J，STEFFEN E M,et al. Early building design：informed decision-making by exploring multidimensional design space using sensitivity analysis［J］. Energy and Buildings，2017,2(5)：83.

[47] RUTTEN D. Galapagos：on the logic and limitations of generic solvers［J］. Architectural Design：2013,83(2)：132-135.

[48] 周志华.机器学习［M］.北京：清华大学出版社,2016.

[49] GB 50176—2016.民用建筑热工设计规范［S］.北京：中华人民共和国住房和城乡建设部,2016.

[50] DB 11/891—2012.北京市居住建筑节能设计标准［S］.北京：北京市建筑设计研究院,北京市新能源与可再生能源协会,2012.

[51] GB/T 51366—2019.建筑碳排放计算标准［S］.北京：中华人民共和国住房和城乡建设部,2019.

[52] GB 50068—2018.建筑结构可靠性设计统一标准［S］. 北京：中华人民共和国住房和

城乡建设部,国家市场监督管理总局,2018.

[53] 中国建筑节能协会.中国建筑能耗研究报告(2018)[EB/OL].2020. https：//www. cabee. org/site/content/23568. html.

[54] 蒋金荷.中国城镇住宅碳排放强度分析和用能政策反思[J].数量经济技术经济研究,2015,32(06)：90-104.